北京国之专利预警咨询中心专利预警丛书

专利预警

——从管控风险到决胜创新

张 勇／著

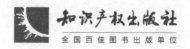

知识产权出版社

全国百佳图书出版单位

图书在版编目（CIP）数据

专利预警：从管控风险到决胜创新/张勇著 . —北京：知识产权出版社，2015. 9
（2020.12 重印）
ISBN 978-7-5130-3684-9

Ⅰ. ①专… Ⅱ. ①张… Ⅲ. ①专利—研究 Ⅳ. ①G306

中国版本图书馆 CIP 数据核字（2015）第 177068 号

内容提要

本书以创新驱动发展为基本立意环境，从技术创新与专利制度的关系谈起，系统分析了专利风险存在的普遍性，提出了贯穿技术创新发展全过程的专利预警概念，明确了专利预警的风险预报、危机管理及竞争情报获取等三大基本功能，并在对专利预警运行体系探索的基础上，从国家、区域、行业和企业四个不同层面研究了专利预警的具体作用、类型，并辅以案例介绍，最后对专利预警的最新发展趋势进行了展望。

本书将专利预警的理论分析与实际案例相结合，突出了问题的针对性和方法的可操作性，适合知识产权及产业经济主管部门、行业组织、企事业单位管理人员以及专利信息服务研究人员阅读参考。

责任编辑：黄清明   **责任校对：**董志英
封面设计：邵建文   **责任出版：**刘译文

专利预警
——从管控风险到决胜创新
张勇/著

出版发行：知识产权出版社 有限责任公司	网　　址：http：//www.ipph.cn
社　　址：北京市海淀区马甸南村 1 号（邮编：100088）	天猫旗舰店：http：//zscqcbs.tmall.com
责编电话：010-82000860 转 8117	责编邮箱：hqm@cnipr.com
发行电话：010-82000860 转 8101/8102	发行传真：010-82000893/82005070/82000270
印　　刷：北京建宏印刷有限公司	经　　销：各大网上书店、新华书店及相关专业书店
开　　本：720mm×960mm　1/16	印　　张：12.75
版　　次：2015 年 9 月第 1 版	印　　次：2020 年 12 月第 4 次印刷
字　　数：218 千字	定　　价：48.00 元
ISBN 978-7-5130-3684-9	

序

改革开放 30 多年来，我国专利事业经历了从起步到快速发展的过程，取得了辉煌的成就，以专利为突出代表的知识产权作为一种新兴要素资源，在激烈的产业与市场竞争中发挥的作用日益凸显。然而，由于世界范围内的技术发展和产业布局的不平衡性，我国技术创新和产业升级还将长期面临以发达国家为主在全球范围内构建的专利壁垒，特别是在以高新技术产业为代表的新一轮技术发展竞争中，我国产业发展面临的专利风险更加不容忽视。

专利预警作为一种专利情报分析手段，能够在把握规律的基础上系统地监测专利布局态势，从宏观、中观和微观不同层面上发挥出辨识当前风险、观察未来趋势的显微镜和望远镜功能，其对于辅助政府科学决策，维护经济发展安全；促进行业资源整合，形成协同发展合力；帮助企业技术创新，提升市场竞争力；全面增强国家、产业及企业抗御风险、化解危机的能力，提升创新驱动发展效率，都具有广泛而深远的意义。

近十年来，专利预警实践在我国得以长足的发展，社会对专利预警工作的认知程度越来越高，作为一种新兴知识产权服务，其市场潜力也越来越大。但是，从指导实践的角度来说，目前国内并无系统的专利预警论著。而专利预警的发展实践已经在倒逼专利预警工作者能够探索性地将经验凝华并反过来指导实践，这一过程无疑是艰难的，但其意义也是显而易见的。本书的作者基于长期的工作实践进行了一次有益的尝试，也是一次难能可贵的开始。

全书首先以产业发展、技术创新与专利制度的关系为切入，深入地探索了专利风险的基本概念和内涵，并以专利风险的普遍性存在为理论基础，提出了覆盖技术创新和市场运用全流程的广义专利预警概念，揭示了专利预警的风险识别和规避、危机研判和管理、情报搜集和整理等方面的工具属性，对包括数据检索、分析和建模等专利预警的运行体系进行了探索分析，着重从国家、区域、行业和企业四个不同层面分析了专利预警在安全保障、辅助规划、资源整合和创新促进中的主要作用和服务类型，并图文并茂、深入浅出地介绍了几个典型案例。书中对四个不同层面的专利预警发展也进行了思考，最后展望了专利预警工作在创新驱动发展中的美好前景。全书以严谨的结构、翔实的内容、流畅的文字，针对专利预警的一系列问题提出了鲜明的观点，介绍了一套完整的方法，初步建立了专利预警的框架体系。

　　我衷心地希望，这本专利预警书籍的出版，能够在政府部门、行业组织和企事业单位开展专利预警工作中发挥出有益的参考作用！也希望以此书的研究为起点，有关专家、学者能够更加深入地研究专利预警理论，社会各界能够更加充分地重视专利预警实践，从而全面释放出专利预警在助力创新发展中的应有力量。

目　录

案例目录

第一章 绪 论

1.1 产业崛起与技术创新

人类进入 21 世纪，经济全球化迅猛发展，科技变革日新月异，这为我国经济发展带来了良好的战略机遇，但也使我们不得不面临各种严峻的挑战。当前，我国虽然已经具有世界经济总量第二的国际地位，但是，创新能力和科技竞争力在国际上排名还十分落后，与我国经济大国地位形成鲜明对比。在这样的背景之下，通过创新驱动发展突破人口、资源和环境等因素的制约，转变经济增长方式，调整产业发展结构，促进经济社会全面、健康和可持续发展，是中华民族实现大国崛起、百年复兴梦想的必由之路。

毋庸置疑，一个国家崛起的关键是产业崛起，而产业崛起的核心就是自主创新能力的崛起。从战略层面而言，自主创新的实质就是把创新作为发展的原动力和根本途径。历史经验表明，为了实现国家崛起而进行的追赶和跨越只能是自主创新能力的追赶和跨越，离开了自主创新能力，要使核心竞争力增强继而使得产业崛起就变成了一句空话。DVD 产业在我国昙花一现般的繁荣就足以证明没有自主创新的产业是绝难实现可持续发展的产业，也绝不可能依靠这样的产业实现国家的繁荣、富强乃至崛起。

近年来，我国已将自主创新提高到前所未有的战略高度，自主创新已经成为新时期国家发展和民族崛起战略的核心。2006 年我国颁布了《国家中长期科学和技术发展规划纲要（2006—2020 年）》及其配套政策，确立了我国科技工作的指导方针："自主创新、重点突破、支撑发展、引领未来"；明确了我国 2020 年科学技术发展的总体目标："自主创新能力显著增强"、"进入创新型国家行列"；还指出了"要把提高自主创新能力摆在全部科技工作的突出位置，必须把提高自主创新能力作为国家战略"。2011 年我国发布的《国民经济和社会发展第十二个五年规划纲要》着重强调了提升科技创新能力，从"推进重大科学技术突破"、"加快建立以企业为主体的技术创新体系"、"加强科技基础设施建设"、"强化科技创新支持政策"等四个方面部署了科技创新能力建设。此后，国家又以专项规划的形式发布了《国家自主创新能

1

力建设"十二五"规划》，部署科技基础能力、产业创新能力、创新机构核心能力、创新文化环境、社会事业创新能力和区域创新能力建设任务，从而全面开始了加快国家自主创新能力建设的进程。党的十八大以来，新一代中央领导集体更是将自主创新摆到了国家发展全局的核心位置，明确指出"要坚持走中国特色自主创新道路，以全球化视野谋划和推动创新"，要"促进创新资源高效配置和综合集成，把全社会的智慧和力量凝聚到创新发展上来"。

国家自主创新能力建设，是一个全面、系统的工程，其创新内涵十分丰富，但本书中所涉及的创新主要是指技术创新。随着技术创新复杂性的增加，现在的技术创新已经不仅仅是狭义的把技术实现为商品和服务而赢利的过程，而是包括了前期研究开发甚至基础研究等知识创造工作的过程。中共中央、国务院在《关于加强技术创新，发展高科技，实现产业化的决定》中对技术创新的解释是："技术创新是指企业应用创新的知识和新技术、新工艺，采用新的生产方式和经营管理模式，提高产品质量，开发生产新的产品，提供新的服务，占据市场并实现市场价值。"由此可见，技术创新包括了从知识创造、技术研发、产品开发到商业实现过程中的全部创新，这也正是本书对于技术创新内涵的界定。

技术创新的微观主体主要是企业，唯有行业内企业的集体自觉、自主技术创新，才可能实现产业的真正崛起。产业崛起，是国家硬实力崛起的重要表现，技术创新能力的崛起，是国家软实力崛起的重要表现，而在技术创新能力崛起基础上的众多战略性产业的崛起，才是民族复兴、国家崛起最本质的要求。

1.2 技术创新与专利制度

放眼当今世界，技术创新能力强国无一不是知识产权创造及运用强国。21 世纪的国际竞争是经济竞争，是科技竞争，更重要的已是知识产权的竞争。无论是跨国巨头之间的市场竞争、国际战略性产业之间的利润角逐，本质上已经演变为技术创新之上的自主知识产权创造和运用能力之间的竞争，自主知识产权已经成为支撑技术创新乃至产业发展竞争的战略资源和核心要素之一。

我们知道，自主技术创新是获得自主知识产权的主要方式，而自主知识产权则是自主技术创新的载体和保障。从这个意义上来说，仅仅有自主技术创新能力建设还是不够，因为仅有技术创新而没有作为技术创新的成果载体和运用保障的知识产权，则技术创新将无法体现为促进企业发展、产业进步的核心要素。也就是说，仅仅拥有自主技术成果还不足以拥有市场竞争优势，只有取得相应的知识产权保护并使之与市场对接、商品化后，才能最终形成自己独特的市场竞争优势。在知识经济时代，一个企业、一个国家通过技术创新取得知识产权，并将知识产权转化为财富和社会价值的能力将直接决定它将来在国际竞争中的地位。因此，在自主技术创新能力基础上的自主知识产权能力建设也必须上升为国家战略。

为了全面提升我国知识产权创造、运用、保护和管理能力，2008年6月，国务院发布了《国家知识产权战略纲要》，提出2020年把我国建设成为知识产权创造和运用水平较高的国家。党的十八大也明确强调要"实施知识产权战略，加强知识产权保护"。这标志着我国知识产权能力建设已经进入高效务实推进阶段。

众所周知，在现代知识产权制度体系中，与产业技术创新最为密切的是专利制度。以技术创新为基础的专利技术已经成为支撑国家产业发展核心竞争力的战略性资源，专利也日益成为技术密集型产业国际布局的重要工具。作为技术研发和经济活动之间的重要媒介，专利制度一方面使得技术研发成果专利化，另一方面，又通过专利技术产业化、商业化取得经济价值，也就是说，专利架起了实现技术经济价值的重要桥梁。目前，无论是在学术界还是产业界，专利已经成为衡量技术创新能力、产业发展潜力以及区域经济活力的重要指标。

为了进一步发挥专利制度在服务技术创新、服务经济社会发展中的作用，2011年4月，国家知识产权局发布了《全国专利事业发展战略（2011—2020年）》，这一纲领性文件既是对改革开放30年来我国实施专利制度的全面总结，更是对加快推进建设专利强国的战略部署。该文件明确了专利制度在促进产业结构调整与发展，加快经济发展方式转变，提升我国核心竞争力中的战略意义，指出了充分发挥专利制度在激励和保护技术创新方面基础性作用的重要意义。

在全面建设创新性国家的历史背景下，在上述纲领性文件指引下，全社会都更加重视知识产权工作，掀起了知识产权创造、运用、保护和管理能力建设的新高潮，我国知识产权事业，特别是专利事业进入了一个崭新的发展阶段。

1.3 专利制度与专利风险

从激励和保护技术创新、促进经济发展的角度而言，专利制度从诞生伊始，发挥的作用就是无与伦比的。以美国为例，作为世界上最发达的科技、经济强国，是世界上较早实行专利制度的国家之一。美国政府历来重视专利制度，第3任总统杰斐逊就是著名的发明家，还是美国第一批专利审查员；第16任总统林肯也曾获得一项专利，他曾说过一句名言："专利制度是在天才之火中添加了利益之油。"在经过几次调整之后，美国专利制度对于促进技术创新、推动经济发展的支撑作用日益凸显。当今美国科技、经济如此发达与其专利制度的成功实施是密不可分的。我国近邻日本虽然不是世界上最早实施专利制度的国家，但却是专利制度运用最为成功的国家之一。尽管日本在第二次世界大战中经济和科技都受到重创，但日本在短短几十年内实现了技术赶超，成为世界经济科技强国，在这一过程中，专利制度的成功实施功不可没。

从1985年开始，近30年来，我国专利制度经历了从无到有的跨越式发展，专利制度对于技术创新的激励和产业经济发展的促进作用十分明显，取得了举世瞩目的丰硕成果，初步形成了一批专利密集型的高新技术产业，初步形成了一批专利技术密集分布的产业区域，初步形成了一批诸如华为、中兴、联想这样的技术创新和专利申请已经赶超传统领先跨国公司的民族企业。

然而，专利制度从来就是一把双刃剑。对于技术创新、产业崛起和经济发展而言，专利制度在激励与支撑的同时，也裹挟着风险与挑战。近几年来，有关专利风险引起的我国产业、企业"兵败滑铁卢"的案例已经不胜枚举。

案例一：西部某省备受关注的高科技项目曾经获得6笔国家项目拨款，共计投资20亿元，但项目上马不到4年时间就彻底停产了。原因之一是实施该项目的公司自身缺乏核心专利技术，而竞争对手日本某公司持有的5000项专利技术，已经将该项目拟采用的技术路线几乎全部覆盖，所以我方产品一进入海外市场就遭遇了专利侵权诉讼，我方企业败诉并引发一系列问题，其结果是企业倒闭，并产生了巨额不良贷款。

案例二：国内某钢铁企业实施的年产100万吨宽中厚板（卷）项目总投资33亿元，这不仅是该公司未来十年发展的重点，同时也是国家重点基础设施建设项目中的管线配套项目。2005年，该企业在项目关键技术的国际招标结果初步确定的重要时刻，遇到了有关专利方面的问题，未中标的外国某公司向其提出，工程项目涉及的技术是其拥有的专利技术，我国公司未经许可不得使用。中标工作因专利问题而被迫暂停，这不仅对国家重点建设项目进度产生重大不良影响，企业自身也因此付出了较大的经济代价。

案例三：国内某生产制造行业内的龙头企业，在完成了创业板上市前的所有工作，拟在交易所挂牌交易并受到 700 多亿元资金追捧之时，却遭遇上市被否。其原因在于该企业招股说明书中所披露的知识产权状况与事实不符，经证监会审核发现该企业声称拥有的全部 5 项专利权均因未及时缴纳专利年费导致权利终止，其声称正在申请的 2 项专利也已撤回。企业因专利管理维护不当而失去了这次重大的发展机遇。

案例四：我国 DVD 产业在 2001 年前后蓬勃发展，产量占世界产量的 1/3 强，国内年销售量约 400 万台，产业形势一片大好。然而，我国企业在进行海外市场拓展的过程中，缺乏专利保护和防范意识，基本未关注过国外相关企业及其专利联盟的专利布局。自 2002 年起，该行业内企业出口欧洲的产品接连被英国、德国海关扣押，行业内企业不得不与国外专利联盟达成高额专利许可协议，原本发展形势一片大好的企业，很快都沦为利润微薄的代工企业，最终导致整个行业惨遭扼杀。

新兴产业的鼎盛一时和惨遭扼杀，重要项目的满载希望和黯然谢幕，这些惨痛的事实在让我们真切感受到市场竞争的冰冷与残酷之时，也引发了我们对于产业发展的痛定思痛！其实，我们无法回避的基本事实是：专利已经成为国际产业布局的重要战略资源，发达国家、跨国公司纷纷通过专利布局占据产业链中的有利位置，攫取高额垄断利润。而今，对专利制度这把双刃剑任何运用的不善，其结果可能就是：不但无法达到保护自我、制约别人的目的，反而带来伤及自身的风险！

发生在跨国巨头苹果与三星之间的世纪专利大战足以让我们领略"专利战争"这种人类"战争"新形式的巨大威力。在人类已经进入知识经济时代的当今，每天都在纵横捭阖的市场竞争中发生这样的"专利战争"，也许不久的将来，任何想在竞争中立于不败之地的国家、产业和企业都无法视专利而不见，都无法远离专利而独善其身，专利战将会成为市场竞争的"新常态"！而究其源头，带来这种"战争"的风险就是专利风险！在一定条件下，看似孤立的专利风险甚至可能演变为影响企业、产业乃至国家安全的专利危机！专利风险，看不见的风险，产业崛起大风险！

第二章 专利风险的基本概念

专利风险是专利制度的内生性风险，由于这种风险的存在，使得专利制度在促进技术创新、支撑产业发展的同时，也可能在一定时期、一定范围内给技术创新和产业发展带来负面影响。

2.1 专利风险的涵义

对于专利风险，一般情况下，人们会将其误解为某个具体的专利事件，例如：DVD 专利许可事件，欧盟针对温州打火机的专利调查事件，杭州仕兰、厦门三安等 LED 企业遭受美国"337 调查"事件等。事实上，所谓风险，是指可能发生的危险，是一种悬而未决的状态，所以专利风险并不是正在发生或者已经发生的专利事件本身，这些事件仅仅是专利风险的表现形式，是人们所观察到的一种现象，是专利风险导致的结果而不是专利风险本身。专利风险在本质上是一种态势。例如，以拉链行业为例，目前，日本 YKK 工业株式会社在中国布局的专利已经占到整个拉链行业中国专利数量的 70% 左右，这种态势就会使得中国拉链制造企业面临巨大的专利风险，这种风险并不因为在这个产业领域中发生或未发生特定的专利事件而存在或不存在。从态势而非具体事件的角度来理解专利风险，有利于我们把握专利风险的实质。

作为专利制度的伴随性风险，专利风险立体式地存在于专利制度实施的时间、空间和市场主体之中，它贯穿于专利活动的全流程，存在于专利制度实施的所有区域，并且由国家、区域、行业或企业等不同的主体所承受，它既可能来自于其他主体，也可能是源于自身。例如，某一企业面临的专利风险既可能是对竞争对手专利的侵权风险，也可能是自身专利被竞争对手侵权的风险，还可能是在竞争中自身专利运用能力不足所带来的风险。由此可见，专利风险的概念具有十分丰富的内涵。本书将专利风险的内涵做最广义的阐释，即在技术创新和产业发展全过程中某特定主体所承受的与专利相关的各类风险，都被视作专利风险，这也是本书理论分析的概念基础。

2.2　专利风险的根源

专利制度是技术创新最主要的保护制度。由于专利制度认可技术创新者拥有一定的垄断利益，从而保护技术创新者的创新积极性，继而达到激励和促进创新的目的，因此，专利制度对于技术创新而言起到了举足轻重的支撑作用，这一点，前面也已经多次论述。然而，专利风险也是专利制度所带来的先天性风险，这种风险源于专利制度本身，表现于专利制度运行的各个阶段，并且这种风险已经成为技术创新和产业发展最主要的风险之一。从这个意义上来说，专利制度本身就是专利风险的总根源。在我们不能因噎废食地因为专利风险的引入而否定专利制度本身之时，我们就应当在专利制度的框架之下分析专利风险产生的原因，把握其规律性并寻求有效应对之策。

2.2.1　产业技术发展的不平衡性

"科学技术是第一生产力。"当今世界，技术已经成为经济发展最主要的生产要素之一，但这种生产要素在全球范围内的分布是极其不均衡的。对专利技术而言，这种不均衡一方面是由于社会历史的原因，例如实行专利制度的时间，专利保护的力度和方式，社会对专利保护的认可度等，更重要的一方面则是因为技术发展本身的绝对不平衡。例如，在第四代移动通信技术上，美国的原创专利技术占全球技术的39%，日本和韩国分别占19%和13%。由此可见，专利技术的不平衡首先表现为空间分布的不平衡，具体表现为国家之间、区域之间、企业之间专利实力的差别，是一种你多我少或者你有我无的态势。其次，由于为达到同样目的的技术发展路线的差异性，也可能存在技术功效相同而技术手段不同的情况，这形成了另一种技术发展的不平衡。例如，W-CDMA以及TDS-CDMA作为两种不同制式的码分多址移动通信技术，由于其技术参数和规格的不同，导致这两种技术存在一定的差异性，这种差异性也会反映在专利保护和专利技术上。最后，由于专利风险是一种动态风险，因此，专利技术研发实力和专利技术研发方向的差异也会加剧未来专利技术发展的不平衡性。很显然，由于上述三种类型的不平衡性，在一定情况下，处于相对优势一方的专利就可能构成处于相对劣势一方的专利风险。

2.2.2　专利制度设计的不确定性

现代专利制度在设计的过程中，贯穿于专利申请、专利审查、专利运用和专利维权等各个阶段都存在一定的主观裁量弹性，这种弹性必然会带来一定的不确定性，而不确定性正是一切风险的根源。总的来说，这种不确定性表现在三个方面。

（1）专利权获得的不确定性。专利权获得的不确定性来源于专利申请和审查机制本身。众所周知，专利申请需要经过一定的审查程序，在符合法律规定的条件之后才能被授予专利权。但是，被授予专利权的有些条件本身是难以绝对确定的条件，例如，发明专利必须经过实质审查，通过检索分析判断其具有新颖性和创造性之后才可能被授权。然而，一方面检索本身是难以穷尽的，另一方面检索之后对于新颖性特别是创造性的判断也受到审查员本身主观因素的影响，这就使得专利申请能否授权、以多大的保护范围授权、授权后的权利稳定性如何都带有一定的不确定性。也就是说，专利审查和授权的机制本身决定了专利获权先天性地建立在相对的审查结论而非绝对的事实判断之上，而这正是一种不确定性的判断，客观上造成了专利申请、专利授权和专利维权过程中的专利风险。

（2）专利价值的不确定性。专利价值的实现受到技术、专利权利本身以及专利战略等多种因素的影响，具有较强的不确定性。专利价值一般由其技术的产业化而得以实现，然而，专利技术能否被产业化、市场化本身就存在着强烈的不确定性。大量研究数据表明，从在一定程度上可以反映专利价值的专利维持期限来看，由于技术不能得到市场的认可或者其他原因而转化为产品，大量的专利都在获权后因没有得到预期的利润而被放弃。与此同时，大量的申请人又在源源不断地申请各种技术的专利，这种原因就在于专利申请之时难以预见所申请专利的技术价值。不断地被放弃，不断地申请，这就是为了获得垄断利润而产生的不确定性循环系统。此外，专利价值的不确定性还来源于专利权本身的不确定性。由于授权机制的不确定导致专利权本身可能就是一个不确定的权利，一旦被宣告无效，那么附着在该项专利上的权利也就随之丧失，即便这一权利已经产生了市场价值。另外，专利价值的实现有时候也依赖于专利权人的特定专利战略，例如，有的专利技术并不用于自己的产品实现，而仅仅用于防御或进攻储备，一旦竞争对手应用该技术，则可以用于主动出击而获得收益。但是，如果这项技术一直未被他人实施，则其价值将无法得以实现，而这一点，在专利申请之前也是难以预见的。专利价值的不确定性，客观上也为权利人带来了一定的专利风险。

（3）专利保护范围的不确定性。专利保护范围是专利权作为特殊民事权利的体现。但是，专利权作为知识产权的重要形式，其客体不是有形的物体，而是无形的技术创新方案，是一种智力劳动成果，而正是由于这种成果的无形性，才使得必须通过法律对专利加以人为保护范围的界定以确定其权利行使范围，但是，一旦人为地确定其保护范围，势必掺杂个体主观差异性，从而导致专利保护范围的不确定性。从技术特征到技术方案的描述，从说明书到权利要求书的撰写，不同的技术术语、语言文字、翻译方式都可能导致专利保护范围的差异，而专利审查员、复审员、法官等与专利保护范围密切相关的人员又有可能对相同的语言文字描述的专利文本做出不同保护范围的解释，这种描述、解释的不确定性最终导致了专利保护范围的不确定性，也使得专利侵权、专利维权都存在一定的不确定性，这种不确定性为技术实施者和专利权人都带来了专利风险。

2.2.3 专利制度运行的不独立性

从专利制度体系本身的运作过程来看，其创造、运用、保护和管理等环节组成了一个相对独立的系统。但是，专利制度作为国家科技、产业和经济制度的有机组成部分，其运行从来就不是独立的，而是会受到技术发展、市场变化和制度环境等各种外部条件影响和制约，这种影响和制约，也会间接地导致由处于相对劣势一方承受的专利风险的产生。

（1）技术发展影响因素。专利制度设计的目的就是保护和促进技术创新，因此，技术发展对于专利保护的影响是不言而喻的，而这种影响也将导致专利风险的产生。例如，技术研发实力就直接影响到专利的数量和质量，从而间接地引起专利发展的不平衡，最终产生专利风险。事实上，带来专利风险的技术发展因素很多，除了国家之间、企业之间的技术研发实力差异、技术研发方向差异之外，技术本身的生命周期、复杂度、成熟度、更新速度等因素一旦从专利上表现出来，就可能产生新的专利风险。例如，对于尚处于探索阶段具有巨大市场前景的技术，研发实力上的些小差异，研发速度上的错失先机，未来可能将以蝴蝶效应反映在技术成熟阶段的巨大专利技术垄断差距上，从而带来专利风险；而处于衰落阶段的技术，即便专利实力相距悬殊，也由于技术即将淘汰或已经产生新的替代技术而不会构成太大的专利风险。

（2）市场变化影响因素。上文提到，专利价值由市场的认可得以体现，因此，市场变化对于技术创新以及专利布局保护、运用影响重大，对于市场前景良好、利润回报丰厚的产业技术，其技术研发必然就得到激励，专利布局保护的竞争必然就更加激烈，由此带来的专利风险就会更大；相反，对于市场前景黯淡，利润预期不明朗的产业技术，其专利布局就会相对较少，专利风险也会随之降低。

（3）制度环境影响因素。专利制度之外的科技制度、产业制度、经济制度乃至司法制度等宏观制度调整变化，也可能对专利制度产生影响，从而诱发新的不平衡或不确定，导致新的专利风险。例如，特定时期国家对于某项技术的高强度持续投入可能促使技术高速发展并使得技术高度集中，对于某产业的定向扶持可能使得产业发展市场前景良好而竞争加剧，对于出口贸易的配额、关税调整等导致与相关产品技术开发的活跃度增强或减弱，这些最终都会传导到专利风险的增强或降低上。此外，专利司法保护强度的变化也会使得专利风险在一定时期发生强度变化。

（4）国际环境影响因素。虽然不同国家和地区专利制度相互独立，但随着一系列知识产权国际公约的实施，知识产权成为国际竞争的基本规则，各国专利制度之间相互影响也在不断深化，而国家之间、地区之间技术发展的不平衡也将最终使得技术不发达国家不得不承受越来越大的专利风险。同时，国家之间政治、经济关系的变化也会在特定时期带来特定的专利风险。例如，作为贸易制裁措施之一，美国有时会提起"337调查"，在国际贸易中打压其他国家的特定行业、企业，这种突发的专利风险严重时可能导致某国家或地区一批企业甚至某一产业的覆灭。

2.3 专利风险的特征

从上节专利风险的根源分析可知，专利风险源于专利制度本身，由一系列不确定性和不平衡性所导致，并由其自身的不独立性所加剧，因此，专利风险具有其自身的鲜明特点。

2.3.1 普遍性

专利风险是专利制度的内生风险，而内生风险是一种不可绝对消除之风险。从时空角度来看，专利风险在时间上存在于专利制度存续期间，在空间上也存在于专利制度实施的区域，甚至于不实施专利制度的国家或地区，也不得不面临产品出口到其他国家或地区时的专利风险；从技术角度来看，专利风险伴随着整个技术研发生命周期，从技术起步、发展、成熟到衰落，每一阶段都有不同程度的专利风险；从专利权利生命周期来看，专利风险贯穿于专利技术的创造、专利申请布局、专利实施和运用等各个环节之中；从专利风险的承受主体来看，宏观层面可能是国家、区域、行业，微观层面可能是企业、科研院所、个人，并且不论其是专利权人或者是专利技术实施者，都可能面临专利风险，例如，专利权人可能面临被侵权风险，专利技术实施者可能面临侵权风险。由此可见，专利风险是一种存在于时间、空间、技术等多维度的风险，是一种由专利制度带来的普遍性风险。第 2.1 节对于专利风险涵义的阐释，正是以专利风险的普遍性存在为基础的。

2.3.2　相对性

前面提到，专利风险产生的原因之一在于产业技术发展的不平衡性。由于不平衡性是一个由比较而得来的相对概念，因此，专利风险也具有相对性，其往往随着相关利益主体在竞争中比较优势的变化而发生强弱或者地位的变化。例如，甲、乙、丙三个形成市场竞争关系的企业，由于甲拥有一批乙难以绕开的重要专利技术，使得乙不得不在竞争中面临来自甲的专利风险，而丙由于采用了完全不同的技术路线，因而并不会面临来自甲的专利风险；但是，随着乙技术研发和专利布局实力的增强，其实现了对甲的技术和专利赶超，乙可能不再受制于甲，甲却在某些方面开始受制于乙的专利布局，甲、乙双方的专利风险地位就出现了变化。专利风险的相对性反映了参与技术创新和专利布局的市场竞争多方之间专利实力的此消彼长，也揭示了专利风险态势是一个动态变化的过程。

2.3.3　二重性

专利制度的实施是一把双刃剑，在促进技术创新、保护研发成果的同时，也带来专利风险，这实质上体现了专利风险的二重性。也就是说，专利风险从来就不是孤立存在的，在风险存在的同时本身就伴随着机遇或利益。例如，申请专利可能带来不被授权而缴纳费用、技术被公开等风险，而一旦被授权，则有可能存在垄断相应技术市场的巨大机遇并带来相应的利益。即便是在专利风险转化为专利危机事件时，危机事件本身也具有二重性，如果有效应对事件，并以危机事件为契机，寻求新的内外部突破，则化危机为机遇将变成可能。可见，专利风险具有二重性，并且其正反两方面的影响始终处于动态变化之中，把握风险的二重性，将有利于从本质上认识并应对专利风险。

2.3.4 可预见性

和所有的风险一样，专利风险的产生、发展、积累乃至演变为专利危机事件是一个客观变化的过程，有一定规律可循。因此，把握其规律，跟踪其过程，就可以将专利风险转化为一种可以预见的风险。通常来说，在专利危机事件发生之前，或者在专利态势对企业、行业或国家造成特定的利益损害之前，可能已经形成了一种足以导致危机事件发生的专利风险临界态势，而在临界态势之前提早发现风险，将在很大程度上为避免或减小危机事件发生时带来的负面影响争取到可贵的缓冲时间。

2.3.5 可防控性

专利风险在专利制度框架之下不能被绝对地消除，但这并不妨碍对于特定的利益主体而言专利风险是一种可以有效防控和应对的风险。利用专利风险的可预见性，可以先期发现专利风险，针对不同的风险类别，可以分析其原因并加以防控。如果这种风险的存在是自身原因带来，则可以通过自身能力提高而降低风险。例如，针对专利申请的技术方案可能无法有效保护自身研发成果的风险，就可以通过专利挖掘布局能力的提高而有效防控；如果风险主要来自外部，则一方面可以通过自身能力的提高逐渐改变风险态势中的不利地位，另一方面也可以通过寻求合作的方式实现共赢发展，例如，面临竞争对手的专利布局风险，一方面可以通过技术研发加强专利布局改变力量对比而防控风险，另一方面也可以通过购买专利技术、接受专利许可、交叉许可等方式实现合作而防控风险。从这个意义上说，专利风险并不绝对是一种对抗性风险，通过合作实现风险态势双方专利技术资源共享、协同创新发展已日益成为专利风险防控的有效途径。

在本书下文中，有时会将风险态势中的优势和劣势双方对立起来，明确区分风险态势中的"敌我"双方，例如，将发达国家与我国或者将外国跨国公司与我国企业在专利风险态势中对立起来分析其专利布局给我国产业和企业带来的专利风险。读者应当理解，书中这种将双方"对立"起来的表述方式，仅仅是由于对专利风险及其预警理论模型理想化阐释的需要，现实中的专利风险并不完全是这样的对抗性风险。事实上，在国际经济科技发展日益融合、合作共赢成为时代潮流的当今，我国知识产权也日益与世界接轨，区分"敌我"无疑是一种在专利领域人为划定"阵营"的"冷战"思维，毫无疑问是应当摒弃的。在知识产权领域，我们也应当把握国内国际两个市场、善用国内国际两种资源，以宽广的眼光观察世界，以宽阔的胸怀寻求合作，这才是我们运用知识产权工具寻求国与国之间、企业与企业之间协同创新发展之良策。

2.4　专利风险的分类

专利风险是一种态势而非具体的事件，对于这种风险态势，可以从不同层面和不同角度加以分类，这些分类从不同视角反映了专利风险的多样性。

2.4.1　从风险层次划分

专利风险从层次上可以划分为宏观风险和微观风险。

宏观风险主要从较高的层面描述一个国家、地区、行业在一定时期内面临的整体风险态势，这种风险态势本身一般不会导致危机事件发生，但其整体向负面地进一步发展，将可能导致国家、地区、行业处于竞争中的不利地位。例如，在某一技术上，我国企业专利申请总体数量少，核心专利技术拥有量不足，这种态势将构成我国在发展该技术上的一种宏观专利风险。虽然这种风险在一定时期内并不由某个具体的社会创新主体所承受，但其影响面较大，影响时间较长，涉及行业的企业都有可能受到该风险的影响，并且这种态势的扭转也需要全面系统的规划，通过形成区域、行业合力而改变。

相比宏观风险，微观风险是具体的专利风险，例如，专利权交易中的风险、专利侵权风险等。以专利侵权风险为例，它从具体技术层面描述一个具体的产品或技术方案侵犯他人专利权的可能性，当然，也可以从另一个角度描述专利权被侵犯的可能性。例如，甲企业开发了一种新产品，产品采用的若干技术方案中包括了由乙企业开发并拥有有效专利权的技术方案，那么，甲企业将面临侵权风险，这种风险就是一种具体的、实实在在的专利风险，是微观层面由企业面对和承受的风险。

宏观风险和微观风险从两个不同层次描述了专利风险。一般情况下，政府部门、行业组织更倾向于关注宏观风险，对这种风险态势的把握有助于宏观产业规划，有利于政策制定，而企业、科研院所等微观创新主体则更倾向于在了解宏观风险的基础上针对性地关注具体的微观风险。

2.4.2　从风险原因划分

从专利风险产生原因来划分，可以分为外源性专利风险和内源性专利风险。

外源性专利风险是我们通常所理解的专利风险，是指一个国家、地区、行业或企业所面临的来自外部的风险，这种风险的产生源自外部组织的专利布局态势。例如，我国物联网行业所面临的外源性专利风险主要是来自发达国家跨国巨头在我国以及在我国（潜在）海外市场的专利布局；某企业面临的外源性专利风险可能是来源于竞争对手的某个关键技术的专利。外源性专利风险的产生和存在不以风险承受者的主观意志而改变，它其实是组织面临的多种外部威胁的一种，这种风险可以通过提高自身技术研发和专利布局等方面的自我造血能力而改变双方不平衡的实力对比，也可以通过购买专利、接受许可等方面的外部输血方式而变对抗为合作，从而降低风险带来的压力。

谈及风险，我们一般只想到来自外部的风险。其实，一个国家、地区、行业和企业所面临的风险，并不完全是由他因所致，很多风险，究其源头是源于组织自身，这种因组织自身原因所引起的专利风险称为内源性专利风险。例如，由于生物医药技术研发费用高昂，研发周期较长，我国很多医药企业在技术瓶颈面前望而却步，不愿意从事基础性的研发而只进行跟踪模仿，这种研发意识的淡漠客观上造成了在生物医药技术上我国专利布局较少，核心技术缺乏，显然，这种由于自身意识不足所致的专利风险就是一种内源性专利风险；在我国中西部省份的某些产业技术领域，从表面上看专利布局数量较多且增长较快，但分析申请主体结构后发现，申请人长期以来都以高校、科研院所为主体，大量该领域的相关企业专利布局数量甚少；而企业恰恰应当是该类技术创新的主体，这反映了这些区域在该技术上专利布局主体的结构性缺陷，是一种典型的内源性专利风险，其背后是企业创新能力的薄弱和产学研协同的欠缺。可见，内源性专利风险是由组织内部的不平衡、不合理因素导致的，其可以通过政策导向、企业专利战略的实施等不断降低。

2.4.3 从技术角度划分

从技术角度而言，专利风险可以分为技术差距专利风险和技术差异专利风险。

技术差距专利风险是指在同一技术上，由于技术研发实力的不平衡性，导致在专利布局上存在数量或质量上的差距，实力较差的一方面将不得不面临的专利风险。例如，在汽车发动机技术上，我国企业研发实力相比西方发达国家存在较大的差距，这种技术差距表现在专利布局上，就是发达国家拥有大量核心技术的专利权，我国企业仅在一些外围技术上有一些专利布局，这种技术差距带来了专利申请数量及质量上的巨大悬殊，由此带来了专利风险。

技术差异专利风险是为了解决同样的产业技术问题，采用不同的技术解决方案而形成不同的专利布局路线所带来的专利风险。例如，在 CDMA 技术研发上，在全球同时存在着 CDMA2000、W-CDMA、TDS-CDMA 等不同的制式系统，但由于这些制式系统在某个市场的被选择取决于各种综合因素，一旦某一技术解决系统未被选择，相应技术的专利布局就基本不会产生价值；再如，在高速铁路技术上，磁悬浮技术是一种十分先进的技术，其性能并不劣于其他高速列车技术，但一旦技术实施方采用其他同类技术，磁悬浮技术研发和产品生产企业在该国家或地区所布局的专利基本就不会再有用武之地，这就是技术差异所致的专利风险。也就是说，主流技术往往会与非主流技术之间形成专利差异风险态势。但这种风险的指向并不是一成不变的，在某种条件下可以相互转化。例如，采用 W-CDMA 设备的某国家出于国家信息安全的考虑，开始逐渐淘汰这种制式的设备而选用 TDS-CDMA 技术，则专利差异风险在这个国家随之发生态势反转。

2.4.4　从创新周期划分

从技术研发到专利布局、运用的整个生命周期来划分，专利风险主要包括研发创新专利风险、成果保护专利风险、市场运用专利风险、综合管理专利风险等几类。

研发创新专利风险主要是指技术研发阶段所面临的专利风险。这类风险主要源于几个方面：一是不了解技术的整体发展情况；二是不了解主要竞争对手情况；三是不了解专利布局态势；四是不了解核心专利情况。例如，某高端装备制造技术在技术研发阶段所面临的主要专利风险在于重复研发风险、竞争对手已有密集专利布局而难以有所突破的风险等。这类风险如果不在技术研发阶段了解并针对性地应对，将会带来巨大的资源浪费或直接的专利侵权风险。

成果保护专利风险主要是指经过研发产生技术成果后，由于自身专利申请布局策略的不当而带来的风险。这种风险其实包含三个层次：一是没有对成果进行充分的专利挖掘，导致应当保护的技术方案未申请专利；二是个案的申请不当所带来的风险，例如，核心技术方案由于专利申请权利要求撰写的失误而导致成果未得到有效保护，从而带来风险；三是整体布局策略的不当使得未通过系列的专利申请形成有效的专利攻防体系，削弱了专利布局防御和进攻的力量。成果保护专利风险是一种典型的内源性专利风险。

市场运用专利风险是指在有关专利权及专利策略运用的各类市场活动中的专利风险，可以分为三类：一是与技术相关的物化产品在市场交易中的专利风险，主要包括采购他人可能侵权产品的专利风险、自身产品侵犯他人专利权的风险以及自身专利权被他人市场交易活动侵犯的风险。例如，小米公司的手机出口到印度市场所面临的专利侵权风险。市场交易专利风险具有明确的产品和权利指向，是典型的微观专利风险。二是专利运营风险，即专利被作为一种无形资产而进行交易流转等运营活动过程中产生的各类风险。例如，当购买他人专利技术时，可能存在对技术的先进性、可替代性、专利权的法律状态、专利权的稳定性评估不足所带来的风险；在转让、许可专利权时，也可能由于对自身专利技术价值评估的不足而导致损失的风险。三是在与专利相关的其他市场活动中面临的专利风险。例如，企业兼并重组等商业活动中，对双方专利价值的评估不充分所带来的风险。

综合管理专利风险是指国家、地区、行业和企业由于专利战略或策略运用得不当而带来的专利风险。例如，一个企业，如果没有明确的专利战略作为指引，只是盲目地追求专利数量，没有布局策略，没有质量考量，则长远而言，必将置企业于专利管理险境；一个地区、一个行业，如果不能通过有效的专利战略指引和科学的管理来进行专利资源整合，形成区域或行业风险应对和技术发展合力，则可能在竞争中处于相对劣势而为区域产业发展带来专利风险。

以上列举了几种主要的专利风险分类。根据风险描述的需要，还可以从其他角度对专利风险进行类别划分。

2.5　专利风险的表现

上文曾论述专利风险本质上是一种态势而非专利危机事件本身，专利危机事件只是专利风险的显性表现形式。也就是说，专利风险作为一种态势，在其未以某种具体的形式表现出来时，并不会对组织带来实质性影响。例如，当国外DVD专利联盟在对我国企业实施打压之前，我国DVD产业面临的专利风险是一直存在的，这种存在并没有影响中国DVD产业的迅速发展与壮大。而一旦风险表现为现实的危机，国外专利联盟要求交纳巨额许可费时，风险就迅速转化为颠覆产业的毁灭性力量。所以，未表现为专利危机事件的专利风险就如同高悬的达摩克利斯之剑，虽然其掉下来的时间、地点、方式是未定的，但其高悬的势能却是无法被忽视的。

那么，专利风险一般有哪些显性表现形式呢？事实上，由于专利风险一般是通过具体的市场行为来呈现的，因此很难被穷举，但一些典型的方式，例如被诉侵权、被要求缴纳专利许可费、海关查扣、被提起"337调查"等都是专利风险的具体表现形式，也就是所谓的专利危机事件。危机事件发生后，如果危机未能从根源上消除，就可能演变为对于国家、区域、行业或企业的常态性危害。此外，有些专利风险并不表现为具体的专利事件，但其带来的影响却是巨大的。例如，专利贸易壁垒、嵌入专利的技术标准、以专利垄断市场等都是专利风险的具体表现形式，这种表现形式虽不是具体的专利事件，但在一定时期内具有持续的负面影响，并且影响面要比专利事件大得多。

从某种意义上，也可以理解一般性的专利事件在时间上是瞬间性的，涉及主体一般是微观层面。而上述后一种专利风险的表现形式在时间上具有持续性，涉及面上具有一定的广泛性。

本书中区分了专利风险和专利危机两个概念，前者是一种悬而未决的状态，一般不会带来现实的损害或影响，它是专利预警的主要客体；而后者则是专利风险达到临界状态之后在现实中爆发出来的状态，是一种在某方面会造成损害的危机事态，它是专利应急应对的主要客体，但专利应急应对又和有效的专利预警机制密不可分，因此其也被作为专利预警机制的有机组成部分，这正是后文会论述的专利预警的危机管理属性。

2.6 专利风险的危害

对于一种客观存在的风险，如果放任专利风险的发展，其危害十分严重，一旦风险转化为现实的专利危机，将会给国家、行业和企业带来难以弥补的损失。我们可以从技术创新、市场开拓和产业发展等不同角度来观察这种危害性。

（1）专利风险的存在使得技术不发达国家或企业技术创新突破的空间被不断压缩。从宏观层面来看，以我国为例，实施专利制度30年来，这项全新的制度在促进我国技术创新、激励国内专利申请的同时，也受理并授权了大量来自国外的专利申请，其中大多数是来自发达国家的先进技术。由于我国在技术研发上和发达国家的差距较大，这些先进技术专利壁垒的存在，使得我们为了避免专利侵权而既不能循序渐进地积累自主技术，也无法超越这些技术而取得突破；同时，在很多高新技术上，我们也难以做到另辟蹊径走新的技术路线，当然，通过技术并购、合作等方式也有可能会获得这类技术并进行再创新，但我们也往往会付出较大的代价，这使得我国技术创新突破的空间被严重挤压，在一定程度上制约了我国产业技术的发展。从微观层面而言，专利风险影响也是如此，竞争对手的专利布局一方面使得企业面临研发成果难以自由实施的风险，另一方面也使得企业很难突破竞争对手的专利壁垒而取得新的技术突破，这客观上造成了强者恒强、弱者愈弱的马太效应，大多数企业只能成为抢先布局专利的技术先进企业的跟随者，技术创新空间在专利风险的存在之下被不断压缩。

（2）专利风险的存在使得技术不发达国家或企业在国内、国际两个市场上被不断排挤和打压。从宏观角度分析，由于专利风险的存在，形成了国家或地区之间事实上的技术壁垒，这种技术壁垒又进一步成为贸易壁垒，并且这种壁垒不但表现在国际市场上，而且也出现在国内市场中。以我国为例，受制于专利风险的影响，我国在很多高新技术产业上的产品很难在已有较全面专利布局的欧、美、日、韩等发达国家或地区打开销路，即便已经占有一定的市场份额，也经常会被国外企业或行业组织以专利侵权为口实而打压；在我国国内市场，由于国外跨国企业抢先专利布局，使得我们在自己的市场上也处处受制于人。而从微观角度来看，由于竞争对手的专利布局，可能使得企业的产品不能销售或者不得不缴纳专利许可费之后才能销售，利润空间被大大压缩。可见，无论从国家层面还是从企业层面来分析，专利风险的存在都可能使得国家或企业在国际和国内市场竞争中被排挤、被打压，影响国家经济利益，影响企业市场效益。

（3）专利风险的存在使得技术不发达国家或企业在产业分工中的地位不断被低端化、边缘化。专利风险的存在使得技术创新空间以及市场拓展空间被压缩，客观上使得技术落后国家及企业不得不在这些被抢先进行专利布局的产业上从事一些技术含量较低的低端工作。也就是说，发达国家或技术先进企业以专利技术的垄断，居于高新技术产业链的价值高端，站在利润分配金字塔的顶端，源源不断地攫取大量利润，使得技术相对落后的国家或企业在产业分工中的地位不断地低端化和边缘化，往往只能以高消耗、高投入而取得微薄的回报。例如，在 DVD 产业遭遇专利危机之后，我国 DVD 产业仅存的一些企业只能在国际产业分工中沦落到低端贴牌代工地位，利润非常微薄。事实上，对于我国大多数产业而言，目前在国际分工中，"中国制造"往往处于产业链的低端地位，在国际产业分工和利润分配中基本不具备话语权。

由此可见，专利风险的存在，使得宏观和中观层面的国家、地区和行业，微观层面的企业，都会在技术创新、市场拓展和产业分工受到牵制影响，如果无法及时发现并有效扭转不利的专利风险态势，企业核心竞争力增强、高新技术产业崛起乃至于国家兴旺发达就成为一句空话。

第三章　专利预警的基本理论

在陕西西安骊山山顶，至今仍屹立着始建于周朝的烽火台。在交通不便、信息不畅的远古时代，面对可能对国家存亡、人民生计带来巨大安全隐患的外敌入侵战争风险，人们构建了这种烽火台，用于监控风险并实现风险的早期预知和早期防控，从而最大可能威慑危险制造者、防止险情发生或者降低风险级别，这其实就是我国古代先民发明的行之有效的面对潜在战争风险的风险预警机制。

3.1　专利预警的发展历程

预警（Early-Warning）这一概念源于军事领域，但其思想现在已经被广泛延伸到社会政治、宏观管理、环境保护、经济安全、产业发展等各个领域。在与技术创新、与产业发展密切相关的专利制度方面，当制度设计不可避免地带来风险甚至在极端情况下引发专利危机之时，引入和运用预警机制以防控风险，尽力减少专利风险的危害性，就成为一种近乎必然的选择，而这种在专利管理方面引入的风险预警机制就是专利预警机制。

事实上，我们在分析专利风险的特征时就已经指出，专利风险具有可预见性，而这种可预见性，正是专利预警工作可以实施的理论基础。

3.1.1　国外专利预警

从专利预警的起源和发展来看，世界上大多数对专利制度运用较为充分的国家和地区都已经建立起了比较完备的专利预警机制，形成了由政府部门、公益社会团体和市场营利机构组成的完整的、多层次的专利预警体系。

3.1.1.1　美国的专利预警

美国专利商标局（USPTO）于1971年成立的技术评估与预测办公室（OTAF），专门从事专利战略信息及预警研究。该机构在过去几十年间，持续性地对通信、微电子、超导、能源、机器人、生物技术和遗传工程等几十个重点领域的专利活动进行跟踪预警，推出了一系列技术情报分析报告和专利预警研究报告。此外，USPTO还设有专利技术监测部门，专门提供专利情报数据分析报告，并按照年度出版《行动索引报告》，分析并预警外国在美国申请专利的领域及数量；出版《美国专利趋势报告》，分析并预警美国专利技术的变化趋势。美国企业及公众均可获得这些情报分析与预警研究报告。

　　除了政府层面之外，美国民间专利信息分析及预警研究的服务也十分发达，已经出现了一批具有较高知名度的服务型企业。例如，①Thomson：全球最大的专利情报服务公司之一，旗下有 Thomson Router、Derwent、Delphion 等专利分析、加工相关公司，开发了 Innovation、TDA、Aureka、Delphion 等多种专利分析工具、平台。Derwent 和 Delphion 都提供自助餐式的在线专利检索、分析服务。②CHI：专业化的专利情报服务提供商，目前主要客户为 DuPont、IBM、Intel、Kodak、Philips 等大企业，服务项目包括知识产权相关的技术价值评价、资产管理、许可贸易、企业并购等；欧盟、日本通产省、美国航空航天局、美国空军部等政府部门也是其重要客户，这些客户根据 CHI 提供的报告，规划中长期的专利发展战略。③Wisdomain、P&L、Yet2.com、IP.COM 以及 Ocean Tomo 等多家专利情报提供企业：主要面向社会提供专利数据检索、专利信息加工、专利价值评估、专利权流转竞拍、防御性技术公开等专利预警相关服务。

3.1.1.2　欧洲的专利预警

　　欧洲专利预警相关工作是由专利信息中心（Patent Information Centres，PATent LIBrary，PATLIB）实体承担的。专利信息中心是从广泛分布在欧盟成员国中的国家专利图书馆组合发展而来的。PATLIB 中心设置的主要目的是让各成员国能以一种可行和便利的方式交流交换并相互协作利用专利信息。PATLIB 中心是非营利性的，只向用户收取最低的使用费。PATLAB 中心通过对国际专利数据库进行检索来提供专利信息情报，工作人员为其客户进行专业化的检索服务，并提供相关咨询意见。

　　英国知识产权局下设有商业性的服务机构——检索咨询服务处，辅助企业和政府机构作出知识产权相关决策，可提供专利数据检索服务和专利侵权纠纷的调解服务。目前，其主要面向社会提供以下专利预警相关服务：①一般服务，提供各国专利数据的一般性检索支持。②定制服务，主要包括可专利性检索（patentability search），检索发明是否具备可获得专利权前景，例如技术是否具有新颖性或明显为现有技术，检索意见会对客户决定如何撰写专利申请书的权利要求提供帮助；专利实施自由度检索（freedom－to－operate patent search），初步预警产品或方法的实施是否会侵犯他人专利权的情况；专利有效性检索（patent validity search），初步判定一个已授权专利的有效性；基金评估检索（grant assessment search），针对那些负责为研发资助项目提供资金的机构的一项订制服务，提供该项目可能产生的专利技术创新水平的报告，辅助客户确定该项目或某领域是否还有研究的必要；调解服务（mediation service），在争端调解过程中提供调解员或相关环境支持，使各方可以在同一平台上解决知识产权争议，是一种快速的、有更好成本效益比的可替代诉讼的解决方式。

3.1.1.3　日本的专利预警

日本特许厅（JPO）曾经首次提出专利情报地图的概念，并于1968年出版了第一份专利地图❶。特许厅每年把预算的10%用于专利文献的深加工，并组织厅内、厅外专家定期绘制关键技术领域的专利地图，以指导日本企业实施专利战略。该战略的两个关键点是：帮助日本企业选择技术改进和产品突破的路径，并通过外围专利等布局策略阻碍欧美企业上游专利的实施；指导日本企业在欧美国家直接、间接布局或收购专利。除了政府专利情报服务之外，目前日本也有较多的公益性或商业性专利情报提供机构：①工业所有权情报研修馆（NCIPI），主要服务有收集日本和外国专利技术文献并提供专利预警情报、专利许可支持等方面的服务，以及其他一般性的专利情报咨询；②日本专利情报机构（JAPIO），它是政府与日本经济团体联合会出资成立的财团法人，接受NCIPI的委托建立了专利流通数据库，该数据库除了录入常规的专利著录数据外，还包括专利申请、审查、授权、实施及当前法律状态等详细记录，并与知识产权数字图书馆（IPDL）上的专利文献直接链接，提供全面的专利数据情报。目前，由日本专利信息组织改组的Patolis公司，已经通过以购买美国Delphion公司的专利分析工具等方式面向社会提供商业化的专利预警情报服务。

3.1.1.4　韩国的专利预警

韩国知识产权局（KIPO）的一项重要工作职责就是定期绘制各大产业领域的专利地图提供给产业界，其还在网站上免费提供专利信息分析系统（PIAS），帮助韩国企业开展专利情报分析。1995年，韩国知识产权局设立韩国工业产权信息中心，2002年改为韩国专利信息中心。该中心是韩国最大、

---

❶　专利地图不应被视为一个或几个简单的、图形化的专利分布"地图"，事实上，所有通过专利信息获取的图表化或文字化的专利布局态势情报都应被视为广义的专利地图。

最专业的专利信息机构之一，承担 IPC 分类、专利文献的数字化、专利文摘出版、专利电子信息数据库构建等政府委托的工作，同时面向公众提供专利技术检索分析、专利情报咨询等各种专利信息服务。韩国产业技术情报院（KINITI）是隶属于韩国通商产业部的政府拨款机构，是韩国产业、技术情报流通的中枢机关，主要职能是：收集、处理和管理国内外产业、贸易及技术情报；调查、分析和研究国内外产业技术动向；对情报的收集、处理、管理和普及进行标准化研究和技术开发；建立产业技术情报网和各地区情报普及体制；调查分析情报提供需求，为政府决策提出建议等。另外，韩国的WinsLAB（元斯立）公司专门从事专利分析和预警业务，开发有 INAS（Information Analysis System）专利分析系统，该系统依据专利地图理论研发而成，可以进行定性和定量两种专利预警分析。

总体来看，美、日、欧、韩等主要国家和地区已经在国家、行业和企业等层面实体性开展了很多基础性的专利信息服务工作，形成了具有本国、本地区特色的专利情报分析和预警体系。这种情况说明，专利风险本身是一种制度伴随性风险，在制度框架内无法消除这种风险，而为了最大可能避免或减少专利风险对本国产业技术发展带来的负面效应，世界主要国家和地区无一例外都借助专利预警这种机制来分析、预测风险并做到及时有效应对，从这个意义上来说，专利预警机制是一种全球化的专利风险应对机制。

3.1.2 中国专利预警

1985 年 4 月 1 日，我国国家专利局正式受理专利申请。当年专利申请总量为14 372件，其中发明专利申请 8558 件。国内申请人在 1985 年的专利申请总量为 9411 件，其中发明专利申请量为 4065 件。1996 年，我国当年专利申请量首次超 10 万件。2001 年，我国当年专利申请量首次超 20 万件。2006 年，我国当年专利申请量首次超 50 万件。2010 年，我国当年专利申请量首次超 100 万件。而到了 2013 年，仅仅上半年，我国国家知识产权局共受理三种专利申请 101.2 万件。

我国发明专利申请总量于 1990 年首次上万，2003 年首次突破 10 万件，2006 年首次突破 20 万件，2011 年首次突破 50 万件。其中，国内申请人发明专利申请申请量于 1992 年首次突破 1 万件，2006 年首次突破 10 万件，2011 年突破 40 万件。近年来，我国发明专利申请国内申请数量一直保持量上多于国外申请人发明专利申请量的比较优势。

　　通过上面一组数字回顾中国专利事业发展的 30 年，毫无疑问这是超常规、跨越式发展的 30 年。这 30 年中，专利制度在促进技术创新、支撑产业发展、推动创新型国家建设方面发挥了不可替代的积极作用。但是，作为一种制度伴随性的风险，自从专利制度实施以来，专利风险就在积累，特别是在我国企业运用专利制度保护自我的能力还比较弱的时候，这种风险对于一些尚在襁褓之中的中国民族产业和企业就显得十分突出。

　　时光追溯到十几年前的世纪之交，中国专利制度已经健康运行了 15 年左右，专利申请、审批等相关法律法规、行政制度已经臻于完善，而在这一时期，专利风险虽然未曾有明显的外部表现，却已然是山雨欲来，其对于中国产业，对于中国专利事业的压力已经逐渐凸显出来。正是在这样的时代背景之下，2001 年前后，以吴伯明（时任国家知识产权局副局长）、贺化（时任国家知识产权局专利审查协作中心主任、现任国家知识产权局副局长）等领导为代表的中国知识产权事业发展探路者以宽广的世界眼光和敏锐的洞察力，站在国家和产业长远发展的高度，提出了建立具有中国特色的专利预警机制的战略构想，根据这一战略构想，中国专利预警事业的发展可以分为三个阶段。

　　第一阶段是公益化的理念宣传和普及阶段。这一阶段主要通过有意识、有针对性地为国内企业特别是行业龙头企业提供专利预警服务而增强专利预警工作的社会认可度和影响力。根据第一阶段的工作设想，2003 年 8 月，国内首家承担专利预警工作的机构——北京国之企业专利应急和预警咨询服务中心（2012 年改名为北京国之专利预警咨询中心）依托国家知识产权局专利审查协作中心应运诞生，这是国内面向社会提供专利预警及应急应对咨询服务的首个专业化机构。该机构从创立伊始，就致力于普及专利预警理念、探索专利预警机制、积累专利预警经验、锻炼专利预警人才，被誉为专利预警服务"国家队"。这一时期，国家知识产权局内相关部门及社会各界也积极推动专利预警工作的快速健康发展。经过近 5 年的发展壮大，到 2008 年前后，专利预警工作已经在服务企业技术创新、帮助企业防范应对风险等方面发挥了不可替代的积极作用，专利预警理念得以在各行业广泛宣传普及。

　　第二阶段是政策性的服务培育和发展阶段。在专利预警理念得到初步普及，社会认可度快速提高的 2008 年前后，以《国家知识产权战略纲要》的颁布为契机，国家知识产权局正式成立了专利分析和预警工作领导小组，全面贯彻落实《国家知识产权战略纲要》中提出的"建立知识产权预警应急机制。

发布重点领域的知识产权发展态势报告，对可能发生的涉及面广、影响大的知识产权纠纷、争端和突发事件，制订预案，妥善应对，控制和减轻灾害"的有关精神要求。从政策导向上开始构建专利预警工作的长效机制，确立了稳起步、有计划、重实效的专利预警工作方针。在明确的政策导向下，结合国家培育和发展高新技术服务业的有关战略部署，专利预警工作进入了发展快车道。

近几年来，以具体专利预警项目为抓手，从国家知识产权局到地方知识产权局都启动了一批公益性或政府资助性的专利预警项目，在与国民经济发展密切相关的战略性新兴产业领域，开展了一系列有重大影响的专利预警工作，北京市、江苏省、广东省、上海市、浙江省等高新技术产业密集分布的省市都已经制订了地方专利预警工作的常态方案，取得了良好的经济社会效益。

以北京市和广东省为例，近几年来，北京市建立了企业海外专利预警和应急救助专项资金，每年从专项资金中拿出一定比例资助确有需求的企业和具有较强专利预警研究实力的机构开展具体项目的合作，以化解产品出口的专利风险，提高企业的研发起点，加强企业的专利布局，增进企业的专利运用能力。这一工作近年来不断得以深入推进，绝大多数受资助企业也已经将专利预警工作作为企业常态化的基础工作持续开展。目前，北京市的海外专利预警专项工作已经成为十分成功的专利预警品牌工作，实实在在地起到了示范引导作用。以广东省知识产权局和广东省经济和信息化委员会为牵头单位，自2011年以来，广东省先后投入数千万元资金，在物联网、新一代通信、生物医药、LED、新能源汽车等重点产业领域开展了系统的专利预警研究，并将研究成果面向社会免费发布，这些预警研究成果信息的披露，从知识产权方面对于区域产业发展大方向起到了引导作用，对于企业技术研发、专利布局、专利运用及专利风险防控能力的提高都起到了促进作用，使得专利预警工作在广东特别是珠江三角洲地区扎下了根，并开始发芽。

类似这种引导性示范项目的成功开展，使得一些行业组织、企事业单位开始进行自主性专利预警工作。国内一些大型企业，如京东方、联想、格力、腾讯等高新技术企业都进一步强化了知识产权部门的专利预警工作职能，努力为辅助研发创新、防控专利风险提供支撑服务。由于市场需求不断得以挖掘，进入专利预警服务领域的企业和机构也呈现出快速增长、蓬勃发展的良好势头，涌现出了一批具有代表性的专利服务型企业和机构，初步满足了旺盛的社会需求。

第三阶段是系统化的机制建立与完善阶段。在专利预警的社会需求得到一定程度的激发、专利预警社会服务能力有了一定的资源积淀之后，为了专利预警工作的持续健康发展，就必须要建立一套自上而下的长效专利预警管理和规范机制。这一规范化机制的建立将有利于明确政府、行业组织及企事业单位各自在专利预警工作开展中的分工定位，明确政府和行业组织在公益性的专利预警信息披露方面的职责，以及在商业化的专利预警服务市场中的监管调控职责。这种职责定位的明确将使得整个专利预警工作的开展有章可循，有规可依，既避免了公益性专利预警责任的缺位，又避免了市场化服务竞争的无序发展。

中国专利预警事业从起步到快速发展，历经十几年以后，目前已经进入公益性、制度化、规范化的专利预警信息披露需求日益迫切，市场化专利预警服务需求容量不断扩大，服务市场快速发展，但同时无序化不当竞争已经初现端倪的转折性时期，这其实标志着中国专利预警事业发展已经基本走完了第一阶段和第二阶段，并正在快速迈入第三阶段，正在呼唤系统化的机制建立和制度完善，而这也正是专利预警工作今后快速、持续、健康发展的基本保障。

3.2 专利预警的基本概念

关于专利预警，国内外的文献资料对其定义并不一致，目前也并没有公认的定义。一般认为，专利预警就是通过检索和分析专利信息，对相关利益主体面临的专利风险及可能产生的危害及其程度进行研究和预测，发出预警预报，并可以进一步根据预警结论制定应对策略，以此来维护相关主体的利益，减少或避免因为风险而带来的损失。而为了实现上述专利预警目标的整个管理体制和运作程序就是专利预警机制。本书以此为基础，对专利预警的涵义、特征、与相关概念的关系以及学科沿袭等进行进一步剖析。

3.2.1 专利预警的涵义

对于专利预警涵义的理解，一般有两种方式，即狭义专利预警和广义专利预警。

3.2.1.1 狭义专利预警

专利风险落实到微观层面，具体到利益主体，最主要的就是专利侵权风险，是否侵权，是技术实施运用主体最关心和最直接的利益问题。从这个角度就产生了对专利预警最基本、最朴素、其实也是最核心的理解，即对于专利侵权风险的预警。专利侵权预警具有明确的指向性，它仅仅以分析和预测具体的市场行为涉及的技术实施或产品销售等一系列行为是否存在侵犯他人专利权的风险为目标，其一般由企业等微观市场主体在具体的生产、销售、出口、参展等产业化阶段实施，不涉及对其他阶段或方面专利风险的预警，这种专利预警的结果往往只以避免损失为目标，一般不会带来额外的附加信息价值。专利侵权风险预警，就是通常所指的狭义专利预警。

而从理论上来说，凡将专利预警理解为对某一种或有限的几种特定风险类型的预警都属于狭义专利预警。

3.2.1.2　广义专利预警

从上面的分析可见，狭义专利预警主要从微观层面上分析具体的侵权风险，而这种风险仅仅是众多专利风险类型中的一种。如果将预警工作囿于这样的小范围，则难以发挥专利预警在技术创新、市场拓展中对不同层面、不同类型的主体的作用。为此，应当从系统论的角度全面理解和阐释专利预警的内涵。

本书第2.1节对专利风险的内涵进行了最广义的阐释，即在技术创新和产业发展全过程中某特定主体所承受的与专利相关的各类风险，都被视作专利风险。在第2.3节分析专利风险的特征时，我们进一步明确了专利风险的首要特征就是其普遍性，这种普遍性表现在宏观层面上，无论是国家、区域还是行业，微观层面上，无论是企业还是科研院所，都会面临专利风险，而这种风险也广泛存在于专利技术的创造、专利申请布局、专利实施和运用以及专利管理等环节；而且，风险不仅来自外部，也来自内部，也就是说，在时间、空间和技术等不同纬度上，国家、地区、行业和企业等都面临着专利风险。

专利风险的这种普遍性特征决定了专利预警工作应当立足专利信息分析，同时敏锐地捕捉相关信息，并将专利信息置于技术创新、市场演变和产业革新的广阔背景之中，以全面而宽广的视角，从最广泛的角度去分析和预测专利风险，并以系统、科学的方法对风险进行评估，进而提出抗御风险、化解危机的对策，尽力使各种专利风险处于可防、可控的状态，并不断以内生力量扭转专利风险态势，化危为机。这就是广义的专利预警。

广义的专利预警不但包括了所谓的专利侵权预警，而且囊括了因专利制度的实施而为国家、行业和企业等不同层面主体带来的各种风险的预警，既有微观层次预警，也有宏观层次预警；既有国内市场预警，也有国外市场预警等；由于专利风险的二重性，因此广义的专利预警不仅致力于风险的排除，而且努力寻求从风险到机遇的转变，从而创造新的机会和增值点。例如，企业通过对技术研发风险的预警，找到适合企业研发创新和专利申请的机会点，从而可以抢占先机进行技术研发突破并及时保护研发成果；国家通过高新技术产业宏观专利风险预警，寻找在全球产业技术分工中的机会点，及时调整产业布局，制定新的产业引导政策，推动产业健康发展。

广义专利预警以狭义专利预警为概念内核，以专利风险多元性为出发点，全面系统阐释了专利预警的内涵和外延，是专利预警得以全面发挥其服务经济社会发展作用的理论基础。在本书中，如无特别说明，"专利预警"一词是指广义专利预警。

3.2.2 专利预警的特征

专利预警的客体是专利风险，由于专利风险的特点，使得专利预警在具有一般预警特点的同时也具有其特殊之处。

3.2.2.1 时效性

由于专利风险与技术、市场等多种因素相关联，在技术发展日新月异、市场竞争瞬息万变的环境之中，专利风险态势随之快速变化，因此，专利预警也具有强烈的时效性。换句话说，以某个时间为基本节点进行的专利预警研究，在经历一段时间之后，如果未进行预警信息的跟踪更新，则之前的预警研究结果已经不能作为决策之依据。例如，由于信息产业技术更迭十分迅速，如果两年前针对物联网产业技术进行了全面的专利预警，则其分析结论对于当时的产业技术发展规划无疑具有较大参考价值，但两年前的分析结果对于今天已经完全失去了专利预警的前瞻性作用；更为极端的是，昨天的预警结果可能具有侵权风险，而今天则可能由于竞争对手的专利权被宣告无效而风险消除。从这个意义上来说，由于专利预警有极高的时效性要求，无论多么全面系统的预警分析，其信息来源都仅仅只能截止在一个时间节点上，也仅仅在极为有限的时间段内有效，因此，只有全天候的、动态的专利预警才可能提供及时准确的专利预警信息。实时专利预警是专利预警作为一种技术和市场情报分析工作的内在要求。

3.2.2.2 地域性

由于专利制度在不同国家和不同地区实施的独立性，使得专利保护具有明显的地域性,在一个国家或地区获得专利授权并保护的技术,如果没有在另一个国家或地区申请并获得授权,则其并不能得到这个国家或地区的专利保护;此外,由于不同国家专利制度和司法保护力度的差异,在不同国家获得专利授权的相同技术,其受到保护的范围和程度也有差异。专利保护的这种地域性,客观上使得专利风险的存在也具有明显的地域性,这进一步使得专利预警具有一定的地域性。例如,一种出口美国可能存在侵权风险的产品,如果仅在我国销售,则可能由于美国的专利权人没有在中国申请相关技术的专利,或者已经申请但没有获得授权,或者已得到授权但授权的技术范围与美国存在较大差异而不存在侵权风险。这种地域性特点决定了专利预警必须在明确预警区域之后才能有效开展。当然,也可以针对全球所有区域进行专利风险预警,但即便如此,也仍应具体分析判断特定技术或产品在不同国家或地区的专利风险。

3.2.2.3 针对性

专利预警不是一种泛泛的风险预警,而是一种具有明确针对性的风险预警。这种针对性主要包括需求主体针对性和风险类别针对性。

需求主体针对性主要是指由于需求主体的不同,专利预警的角度和方式,甚至结论的侧重点都会不同。国家层面的专利预警主要针对宏观专利风险进行预警研究,例如,日本针对德国汽车企业在日本专利布局态势的预警;而企业层面的专利预警可能主要针对企业自身的专利风险,例如,企业新产品出口欧洲市场的专利预警。需求主体针对性使得即便针对同一产业、同一技术进行的专利预警,对于其他不同主体,也仅仅只能提供一些十分有限的信息。例如,天气预报显示北京地区明天有小雨,对于河北保定而言,这一预报信息的价值无疑是十分有限的。

风险类别针对性主要是指专利预警一般都具有明确的风险类别指向性,例如,某企业针对技术研发的专利风险预警和针对技术引进的专利风险预警无论是从具体操作上还是从结论上都完全不可相互替代。

专利预警的针对性客观上决定了只有在明确专利预警的需求主体和风险类别之后才可能进行有效的预警。

3.2.2.4 参考性

专利预警本质上是一种建立在情报分析基础上的风险预警。与各行各业的其他类型预警一样,受信息搜集的不可能完备性以及信息分析处理的误差性等各种因素的影响,预警的结论也只能在一定的置信区间之内作为决策参考依据。也就是说，专利预警对于风险态势及其走势的描述不可能必然与事实相吻合，而只是最大限度努力接近事实；而且，专利预警对于风险评估的结论既不是行政审批结论，也不是司法审判结论，因此也不具有任何法律效力，其只是一种情报学分析结论，是一种参考性结论。专利预警的参考性在一定程度上要求专利预警需求主体必须客观全面地判断其所面临的风险态势而后做出最优决策，而不能完全依赖或者盲目采信专利预警的结论。在对待专利预警的态度上，视而不见会丧失一个十分有价值的情报视角，而盲目夸大也会导致机会主义错误，正确的态度是将其视作与专利相关决策的重要依据之一。

3.2.3　与相关概念的关系

近年来，随着专利服务业的快速发展，除了基本的专利代理服务之外，以专利文献数据为基础提供的服务类型越来越多元化，出现多种相关概念，如专利信息分析、专利评议、专利预警等。这些概念并没有统一规范的定义，有时会被不加区分地混用，有时又被不加说明地有意区分，造成了一定的概念模糊，因此，有必要就其区别和联系进行简要的分析。

3.2.3.1　专利信息分析

专利信息分析立足于大量离散专利文献数据，通过对专利文献记载的著录项目及技术信息的分析，寻找出离散数据之间的关联性，将其整合为可以反映技术、产业和市场变化的一个个信息岛。例如，通过对全球物联网专利数据的检索，获取了物联网专利数据分析样本，以此为基础，通过对著录项目的统计分析可以进一步获得物联网全球专利申请趋势、专利申请国家分布、主要竞争者等多种信息点，提取到这些信息实际上就实现了以离散的海量专利文献数据形成专利信息岛的信息提取与整合过程。也就是说，离散的专利文献数据本身并不能反映技术、产业和市场情况，它们仅仅是一种基础数据而非情报信息，只有借助专利信息分析这种处理手段，才能将其转化为专利信息，从数据到情报信息，这是一次质的飞跃。

然而，经过专利信息分析过程得到的专利情报信息，还只能算是从浩瀚的专利数据海洋中造出的一个个信息高地，其各自能够作为孤立的信息源，而多个高地之间存在何种关联性，这种关联性能够说明技术、市场和产业发展的何种问题，通过专利信息分析过程还未能完全解决，因此，这些信息高地可以被称为信息孤岛。

从信息处理过程来看，专利信息分析完成了从海量离散文献数据对多个信息点的提取过程，却没有解决这些信息点之间的关联性问题，因而这些信息点之间又形成了新的离散关系。挖掘专利信息分析呈现在我们面前的大量丰富的信息点之间的关联性，将其形成信息有机体，从而能够以特定的逻辑反映过去、解释当前和预测未来，正是专利信息服务更高级的目标。

因此，专利信息分析是所有以专利文献为依据提供的专利数据服务的基础，其他各类服务，都是在专利信息分析的基础上以各自的方式整合信息元素而进一步提供的定向服务。

3.2.3.2　专利信息服务

专利信息分析呈现的一个个信息点，使得进一步提供更高级的专利信息服务成为可能。正是从这个角度出发，专利信息分析被称作第一代信息分析；而包括专利评议等在内的进一步的专利信息服务则被称作第二代专利信息分析。

以专利评议为例，它实质上是以专利信息分析为基础，进一步整合多个信息点，寻找其之间的关联性，去噪求精，去伪存真，将其组成一个具有说服力的逻辑链，从而对特定的科技创新项目、经济贸易项目进行专利角度的评价，以预警风险并提供风险应对策略。例如，为了实现对特定的技术引进项目的专利评议，就必须以专利信息分析为基础，提取出包括技术发展路线、主要专利权人、核心专利技术、可替代技术、待引进专利的权利稳定性等多个基本的信息点，并将这些信息点有机组合，形成可对技术引进项目进行风险评价及应对策略设计的逻辑链。在这一过程中，一方面舍弃了对该技术进行专利信息分析可能获得的其他对风险评价和策略设计无贡献的信息点，另一方面将选择出的信息点进行了有机的加工整合。也就是说，专利评议是选择性地将专利信息分析提供的一个个无直接联系的信息模块组合起来，形成一个具有特定功能的有机信息承载体。从这个意义上来说，专利评议是对专利信息分析的进一步深化，其目的是发现特定的专利风险并加以防范，是专利信息分析成果的一种特定应用方式，其他各种类型的专利预警过程也基本都是在专利信息分析的基础上针对特定需求主体、特定预警目标的数据整合加工过程。

如图 3-1 所示，从整体关系来看，专利文献数据是最基本的分析素材，专利信息分析完成了从专利文献数据提取信息的第一步，也是最重要的一步。以此为基础，可以构建各种专利预警模型，由此实现各种类型的专利预警信息服务，专利信息分析是专利预警得以实现所必不可少的核心步骤。如果把专利预警成果比喻为一栋建筑，则海量的专利文献数据就如同能够制成砖头的黏土，专利信息分析就是将黏土制作为砖头的过程，专利预警就是根据特定的构建模型选择合适的砖头并将其有机地联结而修造高楼的过程。

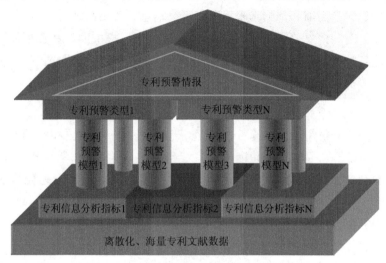

图 3-1　专利预警相关概念之间的关系

3.2.4　专利预警的学科沿袭

到目前为止，有关专利预警的诸多概念仍有争议，还远未成为一门具有独立地位的学科分支。但是，通过上文的论述不难看到，专利预警是一种应用性和实践性很强的应用科学，从学科属性来看，其至少涉及风险预警、危机管理和竞争情报等有关学科内容，因此，专利预警毫无疑问是一种多学科交叉的应用科学。

3.2.4.1　风险预警科学

本书中将专利风险定义为一种由于专利技术发展的不平衡而对组织所带来的威胁，是一种悬而未决的状态，一旦风险表现出来，就会构成危机事件并可能带来具体的组织损失。由于明确区分了专利风险和专利危机两个不同的阶段，因此，专利预警第一层次也是最主要的作用就是识别专利风险，并提出预警警示信息，从这个意义上来说，专利预警就是一种从大量专利信息及关联因素中预先识别、判断和确认专利风险的应用科学，这是专利预警最本质最基础的属性，也是我们通常意义上对专利预警学科属性的判断。

3.2.4.2　危机管理科学

危机管理理论和方法起源于西方发达国家，起先被作为决策学的一个分支进行研究。近几十年来，随着竞争环境不确定因素的持续增加，危机管理理论日益受到学术界和产业界的关注。危机管理是一个以时间为序的过程管理，其一般包括危机识别、危机确认、危机控制、恢复和学习五个环节。由于本书明确区分了专利风险和专利危机两个概念，虽然专利预警的目标是识别专利风险，但对风险的识别、研判又进一步决定着专利危机应对预案的策划和危机应急事件发生后的危机控制质量，因此，专利预警的危机管理作用就被凸显出来，这也正是专利预警在学科上属于危机管理学分支的原因。

3.2.4.3　竞争情报科学

竞争情报科学出现于 20 世纪 50 年代，80 年代以后得到快速发展。虽然竞争情报目前并无严格定义，但其主要目标在于运用合乎道德和法律的手段，通过长期系统地扫描、监视、分析各种可能对组织发展、决策和运行产生影响的信息，形成关于组织在竞争中的优势、劣势、机遇和威胁等方面的情报。竞争情报的获取可以改善组织的绩效，发现潜在的机会和问题，揭示竞争对手的战略。由此可见，竞争情报虽然不以风险的识别或危机的管理为主要目标，但竞争情报的获取，客观上也防范了风险，增强了组织的竞争力，也就是说，即便处于一种低风险甚至无风险的竞争环境中，竞争情报的获取也应作为增强组织竞争力的常态行为。而从专利预警所能发挥的作用来看，除了能够及时识别专利风险，并有效地应对专利危机之外，其也能够通过专利布局态势变化监测竞争环境，跟踪竞争对手。因此，专利预警也发挥着一种竞争情报获取的作用，从这个意义上来说，专利预警也是一种关于竞争情报的应用科学。

由此可见，专利预警是集风险预警、危机管理和竞争情报三种学科特征于一身的交叉应用科学。因此，一方面专利预警的实践中应当坚持这些学科的基本理论和方法，用成熟的理论指导实践，另一方面也应当在这些学科理论的基础上发扬探索，以充分发掘专利预警多方面的功能和优势。本书下文会将专利预警作为一个完整的概念分析其作用，一般不再明确区分同一专利预警形式在风险预警、危机管理和竞争情报三方面的独立作用。

3.3　专利预警的基本分类

根据第 2.4 节的论述，专利风险可以依据不同标准进行类别划分，例如，可以划分为宏观专利风险和微观专利风险，外源性专利风险和内源性专利风险，技术差距风险和技术差异风险，技术研发专利风险、成果保护专利风险、市场运用专利风险以及综合管理专利风险等。由于专利预警的客体是专利风险，因此，专利风险的多样性，也使得针对不同专利风险产生了相应的专利预警类别。

3.3.1　从预警层次分类

从专利预警针对的层面来划分，可以分为宏观专利预警和微观专利预警。

3.3.1.1　宏观专利预警

宏观专利预警主要针对宏观专利风险进行，通过预警对一个国家、地区、行业或企业所面临的整体专利态势进行分析，也就是基本风险面的分析。从操作角度来看，宏观专利预警主要通过对专利文献数据著录项目的统计分析和比较来发现并描述风险，一般不涉及具体的技术分析和比对。宏观专利预警一般不具有微观主体和技术方案的针对性，其预警信息具有一定范围内的普适性。例如，针对我国 LED 行业的宏观专利预警，其预警信息对于政府部门、行业组织、相关产业聚集区域以及企业都具有广泛价值。

3.3.1.2　微观专利预警

微观专利预警是相对宏观专利预警而言的，主要针对微观专利风险进行预警。相比宏观专利预警，其从专利风险基本面的分析过渡到线或者点上，分析技术层面的风险，例如具体专利申请能否获得适当保护的风险、专利技术引进的风险、专利侵权风险等。从操作角度来看，微观专利预警需要针对性地分析或比对具体的技术方案。由于微观专利预警具有鲜明的针对性，因此其预警结果一般只对有限的微观主体有价值，不具有普适性，不具有宏观指导性。例如，除非其对行业具有突出的影响力，政府部门一般不会关注具体的专利侵权个案。

3.3.2　从空间地域分类

根据专利预警的地域性特点，可以将其分为国内市场专利预警和国外市场专利预警。

3.3.2.1　国内市场专利预警

国内市场专利预警是指针对本国或本地区进行的专利预警，一般用以分析预测在本国和本地区市场上，特定产业、特定企业或特定产品、方法所面临的专利风险。例如，石墨烯产业的国内市场专利预警，针对中国市场分析该产业的中国专利布局情况，在了解国内产业技术发展及其专利布局的基础上，通过对比分析来揭示国内产业发展整体面临的专利风险，如果就石墨烯产业的某个具体企业来分析，则其国内市场专利预警需要就其具体产品进行针对性的专利风险分析。从操作角度而言，国内市场专利预警不仅需要关注中国专利申请，而且需要关注已经在国外申请、暂时还未在中国申请，但根据该国与中国共同参加的国际公约的规定，仍有可能在中国获得专利授权的专利申请。对于大多数不出口产品到其他国家或地区的企业而言，其一般只需进行国内市场专利预警就可以满足基本的风险预警需求。

但需要指出的是，国内市场专利预警并非完全不必关注全球其他国家的专利态势，因为随着技术和经济的全球化，很难把一个小范围的市场脱离全球背景来分析，特别是对于我国这样的新兴热点市场，即便针对性地预警国内专利风险，也仍需将其放在技术、产业、市场和专利布局的全球背景中来分析预警。

3.3.2.2 国外市场专利预警

国外市场专利预警是指针对本国或本地区以外的国家或地区市场的专利预警，一般用以分析预测特定产业或企业的产品出口到本土之外市场所面临的专利风险。例如，我国 LED 产业在美国或者欧盟拓展市场的专利风险预警，国内某企业就其生产的某通信设备在加拿大地区销售的专利风险预警，都属于国外市场专利预警。从操作层面来看，国外市场专利预警一般针对具体的国家或地区进行专利数据检索和分析。例如，产品销售的目标区域是美国，则仅针对美国进行专利数据检索和分析，但如同国内市场专利预警的操作方式，仍需对在美国以外的其他国家或地区申请专利但还有可能在美国申请专利并获得专利权的专利申请进行关注，以全面排除专利风险。

3.3.3 从创新环节分类

知识产权创造、保护、运用和管理四个环节的划分，实际上也反映了技术创新及其成果保护、应用的基本环节。在这个四个基本环节中，都存在专利风险，详见第 2.4.4 节，因而也需要针对性的专利预警。

3.3.3.1 研发创新专利预警

研发创新专利预警是指在技术创新活动中的专利预警。这一环节的专利预警主要是为了明确内外部创新环境，了解技术、市场和产业发展情况，了解全球不同区域的专利布局现状和发展趋势，了解主要竞争对手及其专利布局的热点和重点，了解主要的专利风险来源，综合评估创新项目初步实施方案面临的专利风险，防止重复研发，提高研发起点。研发创新专利预警也并不是在某一节点实施一次即可保障研发创新活动的安全，而是应当持续性跟踪主要竞争国家、地区和专利申请人，持续跟踪新出现的热点技术和重点技术，及时排查风险，必要时要调整研发方向，做好动态风险规避。

3.3.3.2　成果保护专利预警

成果保护专利预警是指在创新成果的保护方面的专利风险预警，其主要针对的是内源性专利风险。技术创新活动一旦获得成果，就应当积极进行专利保护。创新成果专利保护实施上分为三个基本层次，即专利挖掘、专利申请和专利布局。专利挖掘是从大量的研发成果中将可申请专利的技术方案挖掘抽象出来，形成专利法意义上的技术方案，为了保障技术方案具有申请专利后获得授权的最大可能性，避免人力、财力资源的浪费，需要进行挖掘后技术方案的可专利性评估。在技术方案的专利申请阶段，要注意由于撰写失误等造成的保护不能或不力的风险，例如，要尽可能撰写出较大的保护范围，形成多梯度的权利要求保护层次，及时有效地答复审查意见等。如果说一个个的专利申请是占领了专利棋盘上的一个个技术点，那么，专利布局则需要再次统筹规划，将这一个个点形成一个有机的整体，成为一个符合企业专利战略的专利布局体系，反之，如果没有一个科学的布局战略，则有可能使得研发成果的专利申请比较零散，无法形成布局合力，无法有效地保护研发成果并使企业利益最大化。事实上，无论是专利挖掘、专利申请和专利布局规划，都需要在全面了解所述技术领域的专利布局态势，预警专利风险之后做出适当决策。从某种意义上来说，成果保护专利布局是一个承上启下的关键环节，很大程度上决定着一个国家、地区、行业或企业专利战略的落地实施，如果缺乏前瞻性的专利预警作为引导，是很难进行科学的专利保护布局战略规划的。

3.3.3.3　市场运用专利预警

市场运用专利预警包括以下几类风险预警：

第一类是针对与专利相关的物化产品交易市场活动的专利风险预警，包括侵犯他人专利权的风险预警、被他人侵犯专利权的风险预警等。

第二类是针对将专利作为无形资产运营的市场活动的风险预警，包括专利技术流转、质押融资等活动中的专利风险预警。以专利技术收购为例，其过程中经常存在信息不对称的问题，如果引进需求方不进行全面的专利风险排查，则有可能产生引进的技术先进性不够，专利权稳定性不足，或者在没有寻找替代技术的情况下盲目以高价引进技术等风险，而通过前期预警，则可以有效地规避或降低这种风险。

此外，还存在针对可能与专利相关的其他市场活动，如技术人才引进、企业兼并重组等过程中专利风险的预警。市场运用专利预警，是规避专利风险最核心最重要的阶段，也是真正盘活专利资源、产生市场价值的专利预警工作。

3.3.3.4　综合管理专利预警

从技术创新时间流程角度来看，有关专利的管理活动贯穿于创造、运用和保护三个环节，因此，综合管理专利预警也贯穿于上述三个环节，但其侧重点主要是以内部风险自我审视为出发点、及时发现风险并进行以自我提升为核心的风险规避。例如，为了进行有效的全流程专利管理，企业需要在全面、实时的专利预警指导下制定或调整专利发展战略，积极培养专利人才，不断完善专利管理制度。从这个意义上来说，综合管理专利预警是从管理的角度以自我素质的增强为目标的专利预警工作，是以消除企业内源性专利风险为主要目标的专利预警。

3.3.4　从需求主体分类

专利预警是一种面向社会的知识产权服务。从服务的需求主体角度出发，可以将专利预警分为政府专利预警、行业专利预警和企业专利预警。

3.3.4.1　政府专利预警

政府专利预警一般是政府从促进技术发展、产业发展等公共利益角度出发进行的专利预警工作。这种专利预警一般针对宏观专利风险进行，特殊情况下也会针对关键的项目、技术方案或产品面临的微观风险进行预警。从专利预警的发展历程来看，政府宏观专利预警已经成为政府面向社会提供公共服务、承担社会风险预警和管理职能的一种。从层面上来划分，政府专利预警又可以分为国家专利预警和区域专利预警。本书中，国家专利预警专指由中央政府或其职能部门从国家宏观全局的角度发起的专利预警工作，例如，国家宏观产业政策研究机构从创新发展全局角度分析我国产业整体所面临的专利风险情况；区域专利预警是指地方政府或相关主管部门为了防御区域性专利风险所进行的专利预警工作，例如，珠江三角洲地区战略性新兴产业专利预警。

3.3.4.2 行业专利预警

行业专利预警一般是由产业主管部门、行业组织、企业联合体等从行业或企业联盟公共利益的角度出发进行的专利预警工作。这种专利预警一般着眼于宏观和中观层面的专利风险，不会排查具体的专利侵权风险，其预警结论对于全行业或联盟企业具有普遍的参考和借鉴意义。例如，物联网行业知识产权联盟发起的物联网行业专利预警，就主要针对物联网行业发展面临的内外部专利风险进行预警，其结论对于全行业的企业都具有广泛意义。

3.3.4.3 企业专利预警

企业专利预警是指企业为个体利益所进行的专利预警。在这里，"企业"应进行宽泛的理解，其应当类比到大学、研究所等一般性的创新主体。企业专利预警着眼范围除了全面预警宏观风险之外，主要是针对性地预警微观风险，例如，创新、保护和运用中可能遇到的各类具体专利风险。

从这三类专利预警的关系角度来看，政府专利预警基本着眼于宏观面上的专利风险，预警结论主要用于宏观政策的调控；行业专利预警主要着眼于中观线上的专利风险，预警结论主要用于行业的资源整合和共同发展；企业专利预警侧重于微观点上的专利风险，预警结论主要用于企业微观市场活动的风险规避。

除了以上几个分类角度之外，还可以从其他多个角度对专利预警进行分类，例如，针对第2.4.2节提出的外源性专利风险和内源性专利风险的预警；针对第2.4.3节提出的技术差距专利风险和技术差异专利风险的预警；从时间角度将专利预警划分为创新前专利预警、创新中专利预警和创新后专利预警；从服务的提供方将专利预警划分为政府主管部门提供的专利预警、公益性非营利组织提供的专利预警以及商业性专利预警；还可以将专利预警分为民用技术的专利预警和国防技术专利预警等，这里不再赘述。

3.4 专利预警的基本作用

专利预警的客体是专利风险，其基本思想在于通过全面的预警来先期预知风险并最大限度地避免专利风险转化为现实专利危机，从而避免专利风险带来的潜在损害。然而，无论有多么严密的预警体系，都难以绝对地避免专利危机的出现，但是，通过专利预警提供的信息，可以制订应急应对预案，使得专利危机事件出现时，可以及时启动预案有效应对。也就是说，通过预警专利风险，完全避免专利危机是最为理想的一种目标，也是防御体系的第一层次；而一旦这一目标不能实现，专利预警提前获得的信息也可以支撑一场有准备的专利战，这构成了专利预警防御体系的第二层次，实际上是应急应对体系。

显而易见，无论是通过专利预警完全规避风险，还是有效应对危机，其本身都是一种防御战略，而专利预警最为核心的作用更在于通过全面、全天候的专利预警来促进技术创新，从根本上强大自我，从而以内在的强大改变专利风险的基本态势，改变"敌我"双方的专利力量对比，达到规避风险的目标。由此可见，专利预警体系以规避专利风险为出发点，以应对专利危机为支撑点，最终形成一个螺旋上升的闭环反馈系统，以促进技术创新为落脚点。这就是专利预警三个不同层次的基本作用。

3.4.1　识别风险，保障安全

风险规避是专利预警第一层次的目标，也是抗御专利风险的最外层防线。通过全面系统的专利预警，明确专利风险来源，了解自身实力，从而保障国家、行业或企业在不同层面的技术创新、市场拓展中尽可能地穿越或绕开专利布局雷区而不碰触专利地雷，不打专利遭遇战。例如，企业在技术研发中，通过及时的专利预警发现诸多竞争对手已经在一些研发方案可能涉及的技术点上进行了专利布局，就通过调整研发方向、重新设计方案等方式，避开竞争对手的专利布局，达到规避风险的目的；国家在重大产业布局规划之前，通过专利预警明确自身在国际产业链中的基本定位，了解技术发展的最新动向，最终选择了另一条与欧美发达国家不同的技术发展路线，以期实现风险完全规避之目标。

当专利预警第一层次的目标无法实现、专利风险不可避免地转化为现实专利危机事件的情况下，需要第一时间启动应急预案，以及时有效地应对专利危机。例如，当企业突然遭遇被诉侵权的专利危机事件时，需要立即启动应急预案，通过请求宣告权利无效、抗辩不侵权、反诉竞争对手侵犯自己的专利权等抗御策略以及购买对方的专利技术、取得专利许可、交叉许可等合作策略，尽快、有效地达到危机化解之目标。然而，一个有效的专利危机应急应对预案的建立仍然需要专利预警的支撑，也就是说，当通过预警发现相应的专利风险存在时，就应当制定系统的专利应急预案以防不测。有效的专利应急应对预案的制定，离不开先期周密的专利预警工作的开展。就目前中国企业而言，多数在危机事件发生之前是浑然不觉风险的，但即便在危机事件已经发生之初，仍然可以借助专利预警提供的全方位信息制定危机管理策略，使得企业利益损失最小化。

3.4.2　辅助规划，整合资源

从专利预警的竞争情报学属性来看，通过专利预警研究，可以从大量的专利数据中分析提取关于竞争环境、竞争对手和竞争策略的情报，这些情报可以从宏观和微观两个层面整合为战略性竞争情报和战术性竞争情报。我们知道，无论对于宏观管理还是企业管理，规划决策的正确性，都直接决定资源的配置方向和整合力度，而资源配置的合理与否，则关系着组织的命运，而决策的正确性，很大程度上依赖于竞争情报输入的全面性和正确性。在知识产权越来越成为市场竞争的基本规则时，专利信息所包含的关于技术、市场和法律方面的信息已经成为竞争情报的重要来源，通过专利预警提取出这些竞争情报，对于国家、区域、行业和企业等不同层面的决策规划都具有重要的辅助支持作用，将有效增强决策系统情报输入的可靠性，从而保障管理者做出的发展规划和资源配置方向决策的合理性。

3.4.3　梳理技术，助力创新

专利制度建立的初衷是促进技术创新，虽然其不可避免地带来了专利风险，但其创新促进作用仍然占据主流。而通过专利预警机制，可以有效地规避风险，应对危机，其反过来也促进了技术的创新与发展。例如，国家通过专利预警机制，及时发布预警信息，一方面帮助特定产业了解专利风险态势，防范专利危机，另一方面也为产业发展提供创新可选方向以及技术路线信息，帮助该产业在一个较高的技术起点上寻求突破，避免重复研发，抢占技术和市场先机，由此促进整个产业的技术创新水平；企业通过专利预警机制，对专利文献提供的技术信息进行全面细致的分析，一方面通过法律状态的分析找到一些可以自由利用的技术，另一方面通过更细致的技术分析可以找到新的技术研发入口和专利布局机会，丰富可供选择的研发路线，帮助企业提高研发创新实力。

综上所述，专利预警是风险管控、辅助规划和助力创新的有效工具，对于专利风险而言是一种标本兼治的化解利器。专利预警在这三个方面的作用，本书下文会逐步展开详细讨论。

第四章　专利预警的运行体系

将预警的思想应用到知识产权特别是专利制度之中以规避制度的衍生风险，是专利制度服务技术创新和产业发展的必然选择，而专利预警从理念到实践，需要完备、科学的工作体系才能保障其顺畅、高效地运行。这种保障专利预警理念得以实施的体系就是专利预警的运行体系。

4.1　专利预警的资源条件

专利预警机制得以运行必须依赖一定的物质基础，这些基础资源条件包括数据资源、工具资源、人力资源和管理资源，其中人力资源在这些资源类型中起着最为核心的支配作用。

4.1.1　数据资源

专利预警机制得以运行的最为基础的资源就是专利数据资源，也就是专利文献。专利文献是科技文献的精华，是技术研发重要的情报来源。根据世界知识产权组织的调查，世界上90%以上的科技信息首先以专利文献的形式披露出来，而且70%以上不以其他形式披露，进一步研究也表明，如果善加利用专利数据，可缩短研发时间60%，节省研发经费40%。由此可见，数以千万计的专利文献数据从最微观的层面感知并描述着技术、市场和产业的发展和演变。这些数据是专利预警体系感知专利风险的触角，是专利预警体系预警功能得以发挥的数据基础。专利预警运行体系对基础数据资源有三个基本的要求：全面性、及时性和准确性。

（1）全面性。从专利数据资源的构成来看，其包括全球不同国家和地区所出版公布的专利申请、授权文献，以及其他与专利相关的行政审批或司法审判文献资料，例如专利审查意见、无效审查意见、司法审判文书等，从专利类型上也可能包括发明、外观、实用新型等专利文献，这些文献数据构成了广义上的专利文献数据。理论上专利预警可能要用到全球各国、各地区的各类专利文献数据，但受资源的采集途径等条件所限，很难将全球所有国家和地区的各类专利文献收集完备，因此，就一般的专利预警操作对数据资源的要求来说,应当包括世界上主要国家和地区的专利文献信息,例如,PCT公约定义的最低限度文献范围。当然,一些具有明确市场区域针对性的专利预警,还需要针对性地获取这些市场对应的国家或地区的专利文献信息,例如,针对阿根廷市场的专利预警就需要获取阿根廷的专利文献数据。目前,已经有诸多专利数据库能够提供专利预警基础数据,这里不再赘述。

(2)及时性。如前所述,由于专利预警具有强烈的时效性,因此,只有全天候、动态的专利预警才可能提供及时准确的专利预警信息,实时专利预警是专利预警作为一种技术和市场情报分析工作的内在要求。显然,专利预警要做到实时开展,其所依赖的底层数据也必须能够做到实时更新,也就是说,专利预警数据库中的专利数据应当与各国专利数据的披露做到同步。然而,由于各种原因,世界范围内的专利数据不可能做到同步实时更新,即使对于本国的专利数据,也由于数据加工时间等条件的限制而难以做到同步更新,这也决定了专利预警不可能做到绝对的实时。一般来说,只要专利文献数据库能够做到周期较短的更新,例如,每周更新一次,就可以达到相对实时的专利预警需求。当然,一些对数据实时性要求不是太高的专利预警,也可以加大上述更新周期以降低数据更新成本。

(3)准确性。专利预警作为一种信息情报分析手段,为了保障最终预警情报的可靠性,就必然要求数据的准确性。这种准确性包括两个层面:一是基本数据的准确性,基本数据主要包括专利文献的基本著录项目、摘要、权利要求、说明书、附图等,这些数据在录入专利数据库时要保证其绝对的准确性;二是加工数据的准确性,为了提高专利信息分析的效率,一些专利数据库会对基本数据进行再次加工,例如,重新分类、改写摘要、翻译文献、提取关键词等,有的还增加了诉讼、许可、转让、引证等其他信息,这些信息准确与否,同样会对专利预警情报产生重要影响,因此,也必须保证其高度可靠性。基础数据的准确性,会大大降低后期数据加工的工作量,能提高专利预警的效率,增强预警的时效性。

除了专利文献数据之外,专利预警所需要的数据资源还包括与产业发展密切相关的一些科技、经济、贸易、法律、市场、政策等方面的文献数据资料,这些数据资料一方面作为专利数据的背景佐证,另一方面也与专利数据一起作为全面专利预警的基础数据资源。例如,在对智能手机行业进行专利预警时,一方面要对智能手机技术的专利数据进行全面检索分析,另一方面也要对智能手机行业相关的产业背景数据资料进行调研分析,以保障专利预警结论与产业发展的吻合度。

4.1.2　工具资源

工欲善其事，必先利其器。作为一种情报分析手段，专利预警所需要处理的往往是海量专利数据，首先要从海量数据之中检索获得目标分析数据样本，接着针对目标数据样本建立多样化、多角度的分析指标，并在指标的基础上针对特定的专利风险预警构造灵活的指标分析体系。这一系列数据处理工作都不可能通过人工处理或者一般性的软件工具完成，而是需要专门的数据处理工具来实现。总的来说，专利预警需要借助以下几类软件资源。

4.1.2.1　数据检索工具

数据检索工具主要用于从专利数据库中高效、便捷、准确地提取专利数据，这就要求检索工具软件平台的检索方式简洁、操作界面友好、运行效率较高、并发性能良好。目前，一些商业数据库平台已经初步具备上述要求。互联网上也有较多的在线专利数据检索工具，例如，国家知识产权局面向社会提供的专利检索与查询服务平台、Google 公司提供的 Google Patent 平台等。

4.1.2.2　数据清洗工具

通过检索可以获得专利分析样本数据，但并不能保障其作为分析目标数据的清洁性。事实上，通过初步检索获得的专利数据，其中往往含有一定比例的数据噪声，这些噪声的存在，在特定条件下可能会产生蝴蝶效应，导致特定专利风险的放大或缩小，影响预警分析的准确度。因此，必须对初步检索的数据进行清洗，以去伪存真，从而以相对精确的数据作为最终分析目标样本，这就需要借助数据清洗工具。例如，通过叙词表工具来实现不同名称表述的相同申请人的合并；在特定分析需求下对同族专利文献的选择性清洗等。由于这种数据清洗一般需要面对大量的文献数据，所以必须借助工具软件来批量完成，而有时还需要工具软件能够以人工智能的方式进行机器学习，例如，叙词表就是通过机器学习不断积累的专家库。有时在进行数据清洗之前，由于不同工具软件对于数据输入格式的差别，还需要借助数据格式转换软件进行数据格式的转换，例如，需要将文本格式的专利数据转化为 Excel 格式，或者将 XML 格式的数据转化为 Excel 格式等。

4.1.2.3　数据分析工具

数据分析工具主要用于对目标分析数据进行以各种指标为信息抽取方式的分析。例如，为了了解全球智能电视技术的专利技术原创国家情况，需要对专利文献著录项中的优先权进行统计分析，而智能电视技术全球专利申请量数以千计（事实上，过少的专利数据量统计分析的意义也不大），这样的分析必须通过特定的工具软件来实现，并且，分析结果需要以直观形式展示出来，例如，通过形象化的图表展示，这些都需要借助数据分析工具软件来实现。目前，一些商用专利数据分析软件，例如，Thomson 开发的 TDA 分析软件、中国专利技术开发公司开发的专利分析软件等已经可以提供一些常规分析指标的数据分析和图表绘制，有些软件甚至可以绘制出十分精美的图表，这大大提高了专利数据分析的效率，减少了人为的数据分析误差，增强了分析结果的可视性。可以说，专利数据分析特别是针对宏观专利风险进行的专利数据分析，如果不借助数据分析工具，将会带来大量低层次的重复劳动，造成人力资源的浪费，甚至在极端情况下（数据量数以百万计时）分析工作可能是无法完成的。目前，一些网络化的专利数据分析工具已经可以有效支撑大批量专利数据的专业化检索与分析。

4.1.3　人力资源

如果将专利数据资源比作专利预警的基本生产资料，软件工具资源比如专利预警的生产工具，那么，为了实现专利预警的成果产出，还需要居于最核心地位的劳动者，也就是人力资源。事实上，无论用于专利分析和预警的工具软件有多么强大，甚至按照人工智能原理开发的具有自学习、自诊断功能的分析软件，都无法代替在专利预警工作中人的智力劳动。一份科学的专利预警报告，特别是针对性较强的分析报告，绝不可能只依赖于数据处理软件直接获得。虽然数据处理软件可能会提供十分鲜艳绚丽的分析图表，但很大程度上需依赖专业分析人员介入梳理的图表背后的数据逻辑本身，对于风险及其走势的描述显然要比图表本身重要很多。

进一步地，从专利预警研究对人力资源的个体需要来看，专利预警工作和很多专业性很强的情报分析工作对从业人员的要求相似，本身需要高端的复合型人才才能完成。一般来说，专业的专利预警人员至少应当是熟谙专利知识、相关法律、专业技术，了解所属专业技术的产业发展现状，掌握至少一门外语的复合人才，在具备这些基础条件之后，还需要较长时间的专利预警技能训练，熟练掌握包括专利检索和分析在内的专利预警软件工具资源的使用，才可能成为一名合格的专利预警专业人才。例如，要对某新材料企业的产品出口德国市场的专利风险进行预警，就必须选择材料领域的、至少掌据德语或英语的、了解欧盟及德国专利法律、能够完成高质量专利数据检索和分析的专业人员进行预警分析，这是保障预警质量的最起码条件。否则，如果由不具备上述基本条件的人员进行预警研究，则预警过程就会引入可能影响最终专利风险评价的信息偏差。

从专利预警研究对人力资源的整体要求来看，由于专利预警的需求可能出现在各行各业、各个技术方向上，因此，理论上需要一支囊括所有技术领域的专利预警专业队伍才可能为国家、行业和企业提供所需的专利预警服务。然而，这种理想化的专利预警团队除了动员国家力量实现之外，例如，国家知识产权局的专利审查员队伍本身就是一支既覆盖所有技术领域，又掌握专利、法律等知识的高端人才队伍，市场化运作的商业性机构一般不太可能具备这样庞大的专利预警人力资源，更多的只是能够在有限的专业方向上提供专利预警服务，对于跨专业跨领域的交叉技术专利预警，就必须进行横向合作，才可能完成预警研究。

专利预警对于人力资源的这种需求是一种刚性需求，不具备人力资源条件，就无法实施这种专业化程度很高的预警研究。专利预警对人力资源的需求特点客观上也决定了覆盖面较大、复杂程度较高的专利预警一般需要借助国家层面的团队力量实现，技术针对性较强、风险因素相对单纯的专利预警可以由一个或几个较小的预警团队单独或协作实现。

4.1.4　管理资源

管理资源本质上是指一种能力资源，是一种非物质要素资源，其一般包括管理人才资源、管理组织资源、管理技术资源、管理信息资源等。对于专利预警的运行而言，管理资源实质上从机制上保障着专利预警按照正常的轨迹运行和发展，因此，以专利预警的相关制度规章及机构设置为代表的管理组织资源以及能够推动专利预警相关机构及专利预警研究正常开展的管理人才资源是专利预警机制顺利运行的最主要的管理资源。有关专利预警的制度规章不在本书要讨论的范围之内，而关于专利预警的机构设置，本书下文会有涉及；对于专利预警所需的微观层面的管理人才资源而言，一般需要在专利预警专门人才的基础上掌握管理技能，特别是专利预警项目管理能力。根据笔者长期从事专利预警项目研究管理的经验，一名专利预警专业技术人员成长为专利预警项目管理人才，至少需要2~3年的研究管理经验，例如，专利预警项目管理人员一般需要能把握特定的专利预警需求预警方向、设计专利预警架构、组织专利预警团队、执行专利预警任务，并最终达到专利预警目标。因此，专利预警项目管理人才是掌握了管理技能的专利预警专业人才，是通晓理论、富有经验、懂得管理的更为高端的复合型人才，也是专利预警运行体系中最为重要、最为核心的资源。在专利预警行业发展方兴未艾之际，专利预警研究管理型人才，将是未来该行业人才竞争的焦点。

数据资源、工具资源、人力资源和管理资源四方面的资源条件缺一不可，从不同层次构成了专利预警体系得以运行的硬资源和软资源基础。

4.2　专利预警的信息要素

专利预警四方面资源要素整合的目标是借助工具资源处理数据资源，并进一步在人的智力加工下将数据资源转化为专利预警信息情报。这期间涉及一些基本的预警信息组成要素，这些要素以特定的方向流动和反馈最终形成了专利预警的信息运转机制。

4.2.1　基本信息要素

和一般的预警机制相同，专利预警的信息要素也包括警素、警兆、警源、警度和警情等五个要素。

4.2.1.1　警素

警素是指描述并跟踪风险产生、发展、变化的一系列指标。对专利预警而言，所谓警素是指从专利文献数据提取出来的多种专利指标，也就是上文曾经举例说明的从海量专利文献数据中抽取出来的若干个信息孤岛，每一个信息孤岛就是一个警素指标，它们各自从一个特定角度描述专利风险的原子态势。例如，专利申请历年发展变化情况指标、专利权维持状态指标、专利诉讼指标等都从各自的角度描述了特定技术某一方面的专利态势，因此，它们都属于专利预警警素指标。警素指标的选择并不是随意的，而是要满足一些基本要求，有关指标的选择，将在第4.3节详细讨论。

4.2.1.2　警兆

任何专利风险在转化为现实的危机并真正影响国家、产业或企业的利益之前，都会有相应的风险因子异动征兆信息，这些征兆信息一般通过一个或多个警素指标的异动反映出来，这种征兆信息就是警兆。例如，某跨国企业近年来明显加大在中国就多点触摸人机交互技术的专利布局力度，并且其已经在一些与我国相同市场阶段的其他国家频频就这一技术提起专利诉讼，那么，这些异动信息就会通过一系列警素指标反映出来，例如，专利申请量曲线曲率的迅速变化、专利诉讼数量指标的增加等，这些非常态的信息波动构成了我国同类企业可能面临的专利风险增加的警兆。

4.2.1.3　警源

所谓警源是指专利风险发生的根源性因素，这些因素的产生、发展对于专利风险及其态势变化具有十分重要的影响，如果把这些因素控制在一定的范围之内，则专利风险也将被有效地控制在一定的程度之内。专利预警的警源信息散布在数据资源之中，通过合理的警素指标反映出来。警源除了与专利本身相关之外，还可能与技术、法律、市场和政策等因素相关。例如，在一定时期内，某企业专利数量较少，并且不掌握核心技术，在市场竞争中常常处于被动受制地位，专利数量和质量上的相对差距就构成该企业专利风险的根源性因素，则该因素构成企业专利风险的警源；又比如，某一时期由于中美贸易摩擦，美国对华贸易政策微调，在特定技术领域针对我国企业频频提起"337调查"，由此大大增加了企业产品出口美国的专利风险，政策因素在一定程度上成为专利预警的警源。由于专利预警体系是一个闭环反馈系统，因此，从警兆反向寻找警源并尽力消除，是专利预警寻求从根源上遏止专利风险产生的必然要求。虽然从理论上来说，专利预警的警源是不可能被彻底消除的，但其可以通过反馈校正被保持在一个相对平稳并不会导致危机产生的安全状态，这也是专利预警的基本目标。

4.2.1.4　警度

警度是指专利风险可能转化为专利危机的危险程度，它一般根据警兆的异动程度来划分。专利预警警度可以划分为五个等级，即无警、轻警、中警、重警和巨警；也可简化无警、警戒和巨警三个等级，可以用颜色信号来区分不同的警度指标。例如，无警警度就表示处于一种安全的无风险状态，而巨警则表示警兆异动十分剧烈和频繁，已经到达危机发生的临界状态，必须予以高度重视。如果警兆指标均选用可以量化的指标，则这些警度分别与警兆的数量变化区间相对应，因此相应地有数量警限，例如，无警警限、轻警警限、中警警限、重警警限和巨警警限；否则则通过人为的定性描述来确定警度。目前的专利预警实务中多数是描述出具体的警兆异动情况，由需求主体根据相关情况做出进一步的判断，而不在预警报告中显性地确定警度。

4.2.1.5　警情

警情是警源中各种因素持续向不良变化，在发展到一定程度时由悬而未决的风险状态转化为现实专利危机时所产生的负面影响。警源由警素描述，警素是观测警兆发生的依据，警度是警兆变化的严重程度，警情则是警兆越过临界状态发生危机后特定主体受到的影响情况。专利预警的警情就是专利危机发生后对特定组织产生的影响和损害情况。例如，DVD 专利危机发生之后，产生的警情就是企业不得不缴纳高昂的专利许可费，利润下降，出口锐减，由于警情未得到根本的遏制和根源性的消除，最后导致我国 DVD 产业的覆灭。对于警情的描述，也应当有一套完整的指标体系，例如，受损企业数量、出口减少指标、下岗工人指标等，但严格地说，警情的描述已经不属于专利预警的范畴之中了，因此，这里不再赘述。

关于警素、警兆、警源、警度和警情的概念，是现代预警理论的基本概念，但由于这些概念的专业性，在一般的专利预警实务研究中，并不完全采用这些概念来分析和描述具体的专利风险情况。本书中在这里提出并简要分析了这些基本概念，但在其他部分也不刻意以这些相对抽象的概念描述或讨论具体的问题。

4.2.2 信息流动方向

专利预警信息要素流动机制是：通过警素的异动，发现警兆，根据警兆，确定警度，进一步寻找警源并尽力消除之，如警源无法消除，警度不断提高，则警兆最终可能发展为现实的警情，由此进入警情爆发及危机应对阶段。

专利预警信息的流动方向也决定了专利预警的主要流程步骤，即通过对专利数据检索获得专利预警分析目标数据，对目标数据进行专利信息分析，将专利信息分析结果按照一定的模型进行信息集成，最终获得专利预警情报。

4.3 专利预警的数据检索

专利预警的数据检索包括初步检索和数据加工两个步骤。

4.3.1 初步检索

4.1 节介绍专利预警的工具资源时已经提到，需要借助专利数据检索工具提取专利信息分析目标数据。专利数据检索是整个专利预警工作最基础的环节，如果数据检索质量不能得以保障，则整个预警工作的质量就无从谈起。

4.3.1.1 检索类别

从专利检索对数据的获取目的来看，专利数据检索主要包括三个类别，即专利性检索、防止侵权检索和技术方向全面检索等。其中，专利性检索和防止侵权检索以获取特定的专利文献为基本检索目标，以精确命中为核心要求；而技术方向全面检索则以获得某一技术领域的全部相关专利文献为目标，以尽可能全面并准确地覆盖该技术下的文献为核心要求。

（1）专利性检索。专利性检索是一种比较上位的概括，其实质上包括评估技术方案能否被授予专利权的检索，例如，企业申请专利前对技术方案能否被授权的评估检索、专利审查中审查员的检索；以及专利授权之后的权利稳定性检索，包括无效请求中的无效证据检索等。专利性检索一般以获取能够影响技术方案（权利要求）的新颖性或创造性的对比文献为目标，其检索范围并不局限于专利文献，还包括各种非专利文献数据。专利性检索是从微观层面预警企业自身专利申请布局风险、提供侵权风险应对策略，以及专利技术收储流转等具体运用过程中专利预警的基本检索方式。

（2）防止侵权检索。防止侵权检索以特定技术方案为出发点，通过检索寻找高度相关的专利文献，并通过对比分析目标技术方案是否存在落入高相关文献专利的权利保护范围而判定是否构成侵权。防止侵权检索是预警微观专利风险最基础的检索。从操作层面来看，防止侵权检索本身并不能得到是否存在侵权风险的结论，还必须进一步通过侵权判定来预警侵权风险。侵权判定一般会遵循全面覆盖、等同侵权等基本原则，在司法实践中还存在捐献原则、禁止反悔原则等，有关侵权判定更为具体的内容，可以参考相关专著。

（3）技术主题检索。技术主题检索是专利预警特别是宏观专利预警中最基础的检索方式，它以特定技术方向下的所有相关专利技术文献为检索目标，力求通过检索，获得全面、准确的数据分析样本。例如，为了对移动互联网行业进行专利预警，就需要在对移动互联网产业进行全面产业技术分类的基础上，对全球或者特定国家或地区的移动互联网技术专利文献进行全面检索，以此获得数据分析样本，这种数据分析样本往往可能数以千计甚至超过数万篇。相比专利性检索和侵权检索首要追求的精确检索，技术主题检索不但要求全面而且要求准确，但查全和查准本身就存在一定的矛盾。所以从操作层面来说，可以尽可能全面检索文献，检索过程中允许可控比例的噪声引入，而通过后续的数据清洗加工步骤进一步消除噪声，达到基本准确的目标。事实上，不同的专利预警需求，对于文献的检索要求是不完全相同的，例如，国家层面的宏观专利预警，只要噪声被控制在一定范围之内一般就不会对预警的最终结果产生实质性影响。

毫无疑问，专利检索的查全和查准指标会受到各种客观条件的限制或人为误差的影响。例如，从发明专利申请日到公开日之间一般会有 18 个月的时间间隔，那么在公开之前，相关的专利文献是无法检索到的，这种时滞会直接影响检索数据的查全率；另外，检索人员的经验和策略也会影响检索结果的准确性，这导致数据检索过程理论上是一种随机概率过程。虽然这个过程可以以逼近既全面又准确的 100% 检索概率为终极追求目标，但任何一个组织和个人都无法做到绝对的精确检索。然而，漏检和噪声本身就为专利风险预警机制本身带来了风险，这可能在一定程度上可以用来解释专利预警成果的参考性特征。

4.3.1.2 检索策略

检索策略是指根据被检索对象的特点而制定的检索基本原则和方法。它包括两个层面的含义：①检索策略既包括基本的检索原则，也包括具体的检索方式和手段；②检索策略需要结合被检索对象的特点来确定，对于不同检索对象，并没有统一、固定的检索策略。一种检索策略，一般是遵循一定原则下的一种或者几种检索方式和手段的组合。专利数据检索策略就是要在分析专利检索类别的基础上，确定检索的数据库、检索入口，明确检索入口之间的逻辑关系，从而通过检索操作获取到符合检索目的的专利数据集合。专利文献具有相对统一的文献格式，因而在数据检索中具有一些独特的优势，检索时可以充分利用这些优势展开检索。常用的专利文献检索方式主要有分类号检索、关键词检索、特定属性检索、追踪检索、转库检索等。总体而言，专利检索是一门专业性和技巧性都很强的实践工作，根据不同的专利检索类别，不同的技术方向，需要在反复摸索中制定具有针对性的检索策略，这些检索策略可能是上述的单一检索策略，也可能是多种单一检索策略的组合。具体的检索策略和方法这里就不再详细探讨。

4.3.2 数据加工

4.3.2.1 数据清洗

初步检索获得数据之后，为了保证专利分析结果的准确性，需要对数据进行清洗。数据清洗的目的是检测数据中存在的错误和不一致并加以剔除或者改正，以提高数据质量。

专利数据具有区别于其他数据的显著特点：①各数据库在数据量和数据形式等方面具有较大差异。同一篇文献在不同数据库中收录的情况也不尽相同，此时可以通过转库等方式对在不同数据库检索到的文献合并去重，最重要的目的是达到格式统一。②专利文献著录项目的不统一导致数据的不一致。即使在同一数据库中采用同样的格式，仍然会存在著录项目不一致的情形，如申请人字段，同一公司在同一数据库中也会出现多种不同的表述，而当申请人之间存在隶属关系或合资关系等情形时，表述则更为复杂，此时需要通过清洗的方式对数据进行统一。③数据录入时存在错误和不一致，应当对数据进行清洗校正。

数据清洗可以结合软件工具及人工筛选的方式进行。目前一些具有机器学习能力的软件工具已经能提供很好的专利数据清洗功能。

4.3.2.2 数据标引

数据标引是指根据不同的分析目标，为经过清洗后的数据记录加入相应的标识，例如，新的技术分类标识等，从而增加额外的数据项来进行特定分析的过程。数据标引与后续的专利分析目的密切相关。

数据标引主要可以分为两个方面：一是对已有著录项的再加工，例如，将申请日和授权日标引为申请年和授权年，从而便于以年为基准单位进行统计；二是对技术内容的分类再加工，例如，对技术问题、技术手段和技术效果进行标引，从而便于从技术功效角度进行深入的技术分析。

数据标引的准确与否将直接影响到专利分析结论，且数据标引通常采用人工阅读方式，需要建立在专利分析人员对技术和专利的深入理解基础之上，必要时还应获得技术人员的支持，是专利分析流程中的重要一环。

4.4 专利预警的数据分析

经过对专利数据的一系列检索、清洗和标引工作之后所得到的数据成为专利分析的目标数据，这些数据成为风险分析、危机应对策略分析和竞争情报分析的基础。一般来说，在专利数据分析之前，需要根据分析目标确定数据分析的方法、分析所用到的指标以及指标组成的指标体系。

4.4.1 基本分析方法

针对专利数据的基本分析方法主要有两种，一种是定量分析，另一种是定性分析。

4.4.1.1 定量分析

针对专利数据的定量分析一般是指针对专利文献的著录项目进行的统计

分析，通过对包括著录项目中记载的有关申请或授权的时间、地点、申请人、发明人等信息不同角度的统计分析，以揭示数据背后的内在逻辑，反映专利布局基本情况，从而揭示专利风险，提供竞争情报。在实际操作层面，这种分析方法一般可以由软件工具直接实现。从理论上来说，定量分析的角度或方式是无法穷举的，可以根据实际分析目标，设计并组合出各种定量统计指标。定量分析直接以数据体现分析结果，优点在于结果的直观性，但由于数据统计分析的误差或者初始条件的误差，可能导致数据并不能和实际情况良好地吻合，因此，针对定量分析的结论需要甄别后再做出符合事实的判断。实践中，由于预警指标之间存在着方向、量纲不同等问题，为使得指标在整个模型中具有可比性，还可能需要对指标进行无量纲化处理（归一化），具体处理方法很多建模理论已有描述，本书不赘述。

4.4.1.2　定性分析

专利数据分析中的定性分析主要是指针对一些无法或不适合用统计等量化手段表现出来的情况的分析手段，一般来说，这种分析方法更适用于针对技术的分析，在分析手段上更多地借助于人工分析。例如，对于核心技术的判断、技术发展路线沿革、专利侵权比对、风险应对策略等，这类分析很难直接借助于软件工具来完成，需要依靠分析人员甚至产业技术专家人工甄别、判断和提炼。由于人工分析过程中的主观性，因此，这种分析很难得出客观统一的数量结果，其分析结果一般只呈现为对问题性质的描述。

显而易见，这种分析方法的优点在于分析结果更接近于产业技术实际情况，但由于不能采用软件工具批量实现，在大数据处理中十分耗费资源，一般只能针对较少数据量进行分析，适用于对特定问题特别是专利技术问题有较深要求的情况。

有时候，也需要将定性描述的指标量化，这时，可以借助于模糊数学的方法对定性指标进行处理和识别，具体可参考6.3.1节案例中对定性指标的量化处理。

当然，在实际操作中很难将两种分析方法完全分割开来，经常是要对定量分析的结果进行定性描述，或者借助定量分析方法来获取定性分析的素材，有时，仅仅这两种分析方法还不够，还要结合产业、市场、经济运行等相关数据进行更加全面的综合性分析。

4.4.2 基本分析指标

专利数据集技术、法律和经济信息于一体，具有十分丰富的内涵和外延，是进行专利风险预警、专利危机管理以及专利竞争情报信息提取的基础。虽然这些信息散布在海量的专利文献之中，但通过构建科学的指标及指标体系，可以将这些信息有效地挖掘并整合为满足特定需求的专利预警信息模型。

4.4.2.1 指标基本要求

为了从专利数据中高效便捷、尽可能客观地挖掘出专利预警所需要的信息，使得提取的信息更接近于事实，一般来说，分析指标应当满足以下基本条件。

（1）典型性。专利预警研究中，对于同一问题的描述，可能有多个不同的角度，每一个角度又可以选择不同的分析指标，但众多的分析指标一方面不可能——罗列，另一方面即便——罗列也并不能够突出问题的主要矛盾，这客观上要求指标的设置应当具有一定的代表性，能够反映问题的主要方面、主要因素、主要取向，即指标应当具有典型性。例如，在研究企业专利技术的质量时，核心专利技术拥有量就是一个具有典型性的指标。

（2）敏感性。专利预警的分析指标就是 4.2.1 节中描述的信息要素中的警素，警素是反映和跟踪专利风险产生、发展和变化的重要因子。由于专利风险是一种处于快速变化中的动态风险，为了捕捉这种动态变化情况，及时发现警兆，确定警度，就必须要求警素指标具有高灵敏性，既能够捕捉到处于相对平稳发展中的风险演变情况，也能够快速准确地捕捉到风险的突变情况，这就是专利分析指标的敏感性要求。

（3）可比性。专利风险的产生很大程度上来源于技术发展的不平衡性，在具体的分析中，这种不平衡性需要通过指标的比较来实现，即要求不同指标之间可以在一定程度上进行比较分析，例如，专利申请量指标之间和专利授权量指标之间的数量比较，还要求同一指标在时间、空间等维度上可以进行比较。一般来说，量化的指标可比性比较强，而定性分析的不同结论在相互比较上具有一定的难度。

（4）一致性。专利预警指标的一致性实质上就是要求专利预警的分析指标首先在参数输入上具有一致性，例如，由于全球不同国家专利类型的差别，为了比较其专利技术产出实力，一般选用发明专利这一相对一致的发明类型作为输入参数，以保障指标输入的一致性，确保其可比性；其次，要求分析指标具有同样限定条件下的相对一致性，即基于同样的数据基础，指标的输出不因为外界其他因素的干扰而输出不同的结论，这实际上是一种对指标稳定性的要求，例如，一旦确定数据样本，即便由不同的分析人员、采用不同的分析软件工具针对同一指标进行数据分析，其结论也不应有误差容忍区间之外的差别。

4.4.2.2 指标构建维度

专利文献能够提供的信息是一种多维度信息，因此，专利预警的分析指标也可以根据预警分析的目标从多种维度设计和构建，以下对几种常见的指标设计维度组合进行简要介绍。

（1）时间维指标。时间维是专利预警指标设计的基本维度。无论是技术创新还是专利申请、专利授权及授权后的权利状态等都和时间有着密切关联，从风险跟踪的角度来看，以时间为自变量连续地观测另一个变量的发展变化情况，是捕捉警兆信息的有效手段。一方面，可以在连续或断点时间上观测特定范围内一些可量化的专利信息因子，例如，专利申请量、授权量、维持量、诉讼量、核心专利量、申请人数量、发明人数量、专利许可量或专利权流转量等，相应的时间维度指标如历年专利申请量、历年专利申请人数量等。另一方面，也可以在时间序列上观察技术发展的情况，例如，不同时间的技术研发构成情况、技术热点、技术重点、技术难点，以时间序列排列技术信息可以构成技术发展路线。

（2）空间维指标。空间维是专利预警指标设计的另一个基本维度。由于专利保护具有地域性特点，因此，从空间变化的角度考察某些因子的变动，有利于在某一特定时间点上观测不同空间范围的专利风险情况、创新实力情况、市场竞争情况以及技术发展情况。与在时间序列上观测一些量化因子的变化情况相同，通过空间维指标也可以观测不同国家或地区的专利申请量、PCT申请量、授权量、维持量、诉讼量、核心专利量、申请人数量、发明人数量、专利许可量、专利权流转量等，例如，不同国家或地区在同一技术领域的专利申请布局情况反映了该国家或地区在该领域的技术竞争激烈程度。此外，也可以设计空间维指标观察不同国家、地区或区域的技术发展情况，例如，不同区域的技术研发构成情况、技术热点等，如果以时间序列排列不同区域的技术信息就构成了某一区域的技术发展路线。

（3）主体维指标。专利权是一种民事权利，因此，权利所涉及的各类关系人主体也是专利预警指标设计的一个基本维度，这些主体主要包括申请人、发明人、代理机构、代理人、权利受让人等。主体维指标是观察特定主体的专利状况随时间或空间的变化情况，一方面可以观测特定主体的专利申请量、授权量、合作申请量、维持量、诉讼量、核心专利量、专利许可量、平均专利维持时间、专利权流转量或者委托专利代理量等，例如，同一技术领域申请人在专利申请数量情况的对比反映了这些申请人专利布局数量上的实力情况。另一方面也可以观察特定主体的专利活动所涉及的技术情况，例如，技术研发构成、技术研发热点、专利布局重点、委托专利代理重点技术领域等。

（4）技术维指标。专利文献是一种技术文献，因此，技术维度是专利预警指标设计的重要维度。技术维指标主要通过专利数据加工中的技术标引或进一步的深加工步骤来获取并反映特定技术信息。一方面，可以通过技术的标引分类在观察技术构成情况的基础上进一步观察不同技术方向上的专利申请量、授权量、维持量、诉讼量、核心专利量、申请人数量、发明人量、专利许可量、专利权流转量、平均专利维持时间，以反映不同技术的专利布局、技术发展及市场竞争等情况；另一方面，也可以从更深入层面了解某一特定领域在特定时期的技术全面度、技术成长率、技术成熟度、技术生命周期等，以及特定技术方向所要解决的热点技术问题、采用的技术手段以及达到的技术效果情况，形成所谓的技术功效矩阵，为风险评估提供依据，为技术研发、专利布局提供可选入口；还可从时间角度，以核心技术为线索，观察技术发展的路线，分析技术族谱和流派，预测技术发展走势。

时间、空间、主体和技术是专利数据所能提取的基本原子信息，以此为基础，可以构建二维、三维甚至多维的专利预警指标。当然，除了上述四个基本维度之外，还可以根据实际需求，从专利文献中提取更多的分析因子构建相应的个体指标。具体的指标构建方式及指标，由于较多文献和专著已有专门介绍，本书不赘述。

4.4.2.3　指标展示解读

从专利预警指标的外化形式来看，一般可以采用直观形象的图表进行展示并辅以文字描述解读，将指标的内涵揭示出来，也可以单独采用图表或者单独采用文字表述的方式解释分析指标。

（1）指标图表化。在图表展示中，一般可以通过图形的多彩多样性变化来反映专利预警指标在时间、空间、权利人、技术等维度的静态或动态变化，例如，饼图、折线图、柱状图、雷达图、鱼骨图、等高线图等，丰富绚丽的图表大大增强了专利预警指标的可读性，提高了指标信息的传递效率。近年来，随着专利预警研究工作的深入以及一些软件分析工具的普及，专利预警指标的图表化呈现出形式更加美观、信息更加综合、维度更加多样的发展方向。

（2）指标文字化。专利预警指标的文字解读要遵循"信、雅、达"三个基本原则。所谓"信"就是要忠实于数据分析来源和分析指标本身，以客观中立的文字准确描述数据分析指标所传递的信息、反映的问题；"雅"是指文字解读过程中一方面要注意行文的流畅、简洁，另一方面也要注意描述文字角度的变化，努力将抽象、专业的概念或现象形象化，以富有层次感、具有逻辑性、丰富多彩的文字解读专利预警分析指标；所谓"达"就是专利分析指标解读中不能仅仅从专利数据的角度得出结论，而需要结合产业技术发展实际，对一些数据现象进行剖析，发掘其背后的根源，从而得出与产业实际相吻合的结论，真正体现出专利作为一种市场经济竞争要素资源与产业发展规律和市场实际的契合与融合趋势。

4.4.3 基本指标体系

以时间、空间、利益主体和技术等几个基本维度构建起来的若干单一分析指标可以进一步从专利数量、质量、价值等方面划分为几个不同的指标体系，以下简要介绍。

4.4.3.1 数量指标体系

专利数量指标体系主要从专利申请、授权等数量角度描述专利申请布局情况，一般能够从宏观层面反映特定国家或地区的特定行业、企业在一定时期内的专利关注程度。这一指标体系一般只包含特定发明类型的申请量、授权量等指标，例如，中国发明、实用新型或外观专利申请量历年变化情况。

虽然数量指标十分简单，但指标所描绘的现象背后往往有十分复杂的原因，这些原因往往构成宏观专利风险的警源，例如，专利申请绝对数量较少或者在一定时期减少可能表征当前或未来产业技术发展的专利风险；有时专利申请数量的不正常增加也反映了潜在的专利风险，例如，局部政策激励导致区域专利申请激增，数量的不正常增加背后是畸形的专利申请动机，长此以往将会带来较大的专利风险。

4.4.3.2 质量指标体系

专利质量指标体系主要是从技术创新实力和研发成果水平的角度来对专利分析指标进行归集。一般来说，专利质量指标体系可以包括与专利行政审批状态、法定权利状态、文献学状态以及与技术先进程度有关的综合指标。行政审批状态可以包括授权量和授权率等指标；法定权利状态可以包括平均专利寿命（维持时间）、第 N 年存活率等指标；文献学状态可以包括被文献引证、文献族等指标；技术先进程度指标可以包括核心专利数量、技术可替代性等指标。根据不同的预警类型或技术领域，专利质量指标也具有一定的构建弹性，例如，生物医药领域和电子通信领域的专利质量指标体系可能就不完全相同。

质量指标体系对于反映一个组织所面临的内外部专利风险具有突出重要的作用，专利质量风险是最根本的风险，只有通过技术研发能力和专利申请布局能力的全面提高，才能逐步解决由于专利质量劣势所带来的专利风险。例如，当前我国专利申请绝对数量已经遥居世界前列，但由于专利质量仍和发达国家存在很大差距，因此，在未来很长时间内，我国还将长期面临较大的专利风险。

4.4.3.3 价值指标体系

专利价值指标体系主要包括专利的技术价值、法律价值和市场价值三个子体系。技术价值可以包括技术先进性、技术可替代性、技术成熟度、配套技术依存度等指标；法律价值可以包括专利权稳定性、权利有效期限、同族规模等情况；市场价值主要包括相关产品的市场规模、市场占有率、竞争情况、专利技术的实施率、专利许可、专利转让、专利收储、专利质押、专利诉讼等指标。这些指标从不同角度反映了专利的技术含量以及可能为组织带来的实际价值和利益情况。

价值指标体系中的市场价值体系反映了专利运用的活跃及成熟程度，体现了一个国家、行业或企业的专利运用能力，这种能力的强弱，客观上也反映了专利风险情况。例如，我国企业当前专利运用能力普遍较低，表现在专利技术的产业转化率低，专利技术交易不够活跃，专利诉讼能力有待提高等，这客观上给我国产业发展带来一定的风险。

4.5 专利预警的信息模型

通过专利信息分析过程，可以从专利数据中提取到多元化的分析指标信息，这些指标构成了专利预警的警素，这些指标是专利预警最基础的原子指标，每一个指标都从一个具体角度反映具体的专利指征。但对于复杂的专利风险态势，任何一个具体的指标都无法反映问题的全貌，这客观上要求必须针对特定的专利风险预警类型，将指标有机地组合在一起，形成能够反映某一方面专利风险情况的指标体系，而一个或多个指标体系被进一步有机组合就形成了专利预警的信息模型。

4.5.1　模型的构建要求

为了实现通过信息分析指标预警专利风险的目的，信息指标模型应当具备针对性、可行性和可靠性三个基本的特征。

4.5.1.1　针对性

由于信息模型是针对特定专利风险预警需求构建的，因此其必须具有明确的针对性。对于传统意义上的专利信息分析而言，其往往以大量的专利信息分析指标，把各种能够展示的角度以信息碎片的方式罗列式地展示出来，各个指标平铺式展现，指标之间没有逻辑上的耦合度，虽然提供了十分丰富的信息素材，但却不具备针对性。如果将所列举的信息有机地整合，则可以形成反映行业技术发展、产业竞争形势、专利布局态势等多份针对性很强的专题报告。前文已经提到，专利预警是建立在专利信息分析基础之上的进一步信息整合，这种整合就是在鲜明针对性指导下的信息模型整合。

4.5.1.2　可行性

专利信息模型的可行性是模型得以实施的先决条件。在有些情况下，为了更加全面准确地反映专利风险的现状和动态变化情况，可能会从多角度进行专利信息分析指标的组合以构建一个复杂的信息模型，或者传统的指标已经不足以反映具体的专利风险情况，这时研究者就会设计出一些新的指标或者信息模型。但是，从现实操作的角度来说，可能有些模型的实施不具备可行性，或者需要满足十分苛刻的条件才能完成模型的信息整合，这有可能造成预警的经济成本或时间成本十分高昂，甚至失去预警本身的价值，这种信息模型就不具备可行性。例如，当我们希望将专利信息与特定区域特定时间的经济、科技信息相耦合以反映某一方面的专利风险时，可能会试图构建一种能够耦合多方的专利信息分析模型，但由于可能得到的信息本身就是信息链条中的片段，所以这种耦合不足以构建完整的信息模块，导致预警信息不可靠，也反映了模型的不可行性。一般来说，如果能以尽可能简单明了的专利信息指标进行逻辑组合，深挖其中的信息资源，深入浅出地揭示复杂的专利风险，那么，这种模型就是一种更加可行的、值得推荐的模型。

4.5.1.3 可靠性

信息结论的可靠性是专利预警作为一种情报分析工具最基本的要求之一。在数据相对可靠、信息分析指标相对可靠的基础条件下，信息模型的可靠性就有了必要条件保障，但这并不意味着信息模型就一定能够提供可靠的预警信息。例如，在分析特定企业的内源性专利风险时，除了分析企业的专利申请数量、授权数量之外，还应当分析其专利质量，包括掌握核心专利的数量、权利稳定性、实施运用情况等，除此之外，还应当分析支撑企业专利布局的技术研发情况等，并需要将企业具体的情况放在宏观大背景下进行对比分析，这样才可能得出企业内源性专利风险情况的具体结论。那种仅仅通过数量大小就得出风险强弱的结论是十分不可靠的，这客观上就要求建立一种可靠的信息整合模型，将一系列指标综合起来，排除冗余，去伪存真，从而得到可靠的分析结论。

基于专利预警的基本指标体系，可以根据专利预警的具体需求构建满足上述基本要求的各种信息模型，本书后几章的案例部分将会简要介绍一些信息模型实例。

4.5.2 模型的警示方式

经过数据检索、数据分析和信息模型整合，预警流程完成了从专利文献数据到警素指标的提取，进一步将警素指标输入信息模型，得到相关的风险态势结论，风险态势及其变动情况就构成了所谓的警兆，但是，如何将风险态势提供给预警需求方，就必须借助一定的风险警示模型，也就是预报风险的方式。当前，主要存在两种风险警示模型。

4.5.2.1 风险量化模型

所谓风险量化模型是指通过将分析指标及其变化情况量化，以一定的数学模型计算出一个确定数值，并将这个数值映射到一个特定的警度区间，由此确定专利预警警度的模型。

风险量化模型一般包括以下几个模块：指标体系选择模块、指标权重设置模块、指标综合计算模块以及警度区间划分模块。其中，指标体系选择模块主要根据模型构建要求和具体需求从专利数量、质量、价值及其他指标体系中选择相应的指标体系及具体的指标；指标权重设置模块根据各种权重设置算法，例如层次分析法（AHP），设置各个指标在整个指标体系模型中的权重；指标综合计算模块在对指标进行无量纲化和一致化处理之后，通过预设的数据计算公式计算出模型的综合输出指标（R）；最后由警度区间划分模块将计算模块输出的数值映射对应到预定的警度评价区间并提示当前警度。例如，在系统中预存四个预警临界值 R_a、R_b、R_c 和 R_d，综合输出指标与这四个临界值的数量比较，将其对应到五个警度等级：$R<R_a$，无警；$R_a<R<R_b$，轻警；$R_b<R<R_c$，中警；$R_c<R<R_d$，重警；$R>R_d$，巨警。在风险量化模型中，指标权重设置算法、综合计算算法以及预警临界值的设置都十分关键，需要综合考虑选择：既要参照行业、企业所处的发展阶段以及历史数据，又要参照行业、企业未来发展的战略目标，还要根据实际运行情况进行不断地修正。

风险量化模型的优点在于可以通过预警明确得到风险的警示级别，从而可以根据警示级别启动相应的预案；但这种方式的缺点在于输出信息比较单一，仅仅关注风险的级别则可能忽略很多关联因素信息，并且，量化分级的区间设置本身就是一个难题，例如，模型输出超过绝对值5以上的被认定为重警，但比较接近的值4.9就被判断为中警，级别不同，相应的风险应对预案可能也有差别，甚至因为严重程度不够而被忽略，但实际情况可能是，由于指标权重设置不够合理，把本应高度戒备的风险误判为一般风险。由于量化模型主要以数值分析来划分风险程度，往往会带来具体风险因子被忽略的问题，其一般用于理论探讨较多，实践中仅在对风险情况的了解要求不高的一般性宏观预警中采用。本书中涉及的理论探讨及案例分析一般都不采用这种模型。

4.5.2.2　风险定性模型

风险定性模型和风险量化模型不同，它并不将信息分析的警素指标量化为某个绝对值，因而，模型的输出也不是一个绝对数值，而是试图以整个模型体系化的指标立体描述专利风险态势，提供风险态势的全景展示。例如，在对某特定区域的专利风险进行预警时，信息模型的输出可能包括区域专利数量指标体系、区域专利质量指标体系以及将区域专利情况与技术发展和产业发展相关联的指标体系的多角度描述，由此提供了一个区域专利风险的全景描述模型，便于预警信息的利用者掌握区域专利态势方方面面的信息，而不是像风险量化模型那样提供一个最终的绝对风险等级数值。风险定性模型在带来全面信息的同时，也存在一定的缺陷，例如，由于风险因子未能被量化，因此，必须通过信息使用和决策者对多角度描述的风险情况的主观判断来确定风险的程度，并选择需要启动的预案，而无法自动化、流程化地实现风险等级的警示和应对方案的启动。当然，如果确有必要，也可以通过模糊数学方法通过将定性指标量化而将风险定性模型的输出量化。

4.6 专利预警的驱动模式

以文献数据为输入，经过一系列数据处理环节，以风险量化等级或风险描述信息为输出，完成了专利预警机制的整个信息流动环节。但是，专利预警机制的运行，除了基本的信息流动机制和模型之外，还需要为预警机制的持续平稳运行提供激励源，即为预警机制的运行提供驱动力量。

4.6.1 需求驱动型

专利预警属于知识产权服务，是高新技术服务业的一种。随着经济社会的发展，知识产权已经融入社会发展的每一个角落，社会对于知识产权服务的需求越来越迫切，越来越多元化。由于知识产权特别是专利制度的专业性，处于激烈市场竞争中的各类市场主体特别是高新技术企业为了有效运用制度保护自我，追求利益最大化，都不得不寻求专利服务，特别是专利预警服务以提高企业感知风险、规避风险和应对危机的能力，这种微观需求客观上促生和促进了专利预警的发展。在第3.3节论述专利预警的分类时提到，除了企业之外，政府部门、行业组织也是主要的专利预警服务需求主体。在市场经济条件下，有服务需求就可能有相应的服务提供商和服务产品，因此，这些需求成为专利预警机制的主要驱动力之一，客观上作为动力牵引着专利预警服务业的发展，促进着专利预警机制的不断完善。事实上，从讨论我国专利预警机制的提出和发展历程中，也可以看到，正是由于社会各界对于专利预警服务的需求，才促使了专利预警在中国的落地生根和蓬勃发展。

从运行模式来看，需求驱动型专利预警服务一般会由商业性或准商业性的社会组织提供。这种类型的预警模式是一种被动响应模式，一般是由服务提供方应需求方委托而启动预警机制的运行程序，运行时间周期、深入程度也受需求方的时间、费用等资源所限。因此，其不太可能成为一种全天候、实时性很强的专利预警，形式上往往以孤立项目的方式运行，其很难全面发挥专利预警的作用，具有很大的风险预警局限性，一般适用于针对特定风险类型进行的不必持续监测风险的专利预警，例如，技术引进、人才引进、项目立项等具体活动开展之前的专利预警。事实上，这种无需求就不运行的预警驱动模式本质上就和预警的理念是不完全相符的，由于专利风险存在的普遍性和动态性，客观上呼唤实时的专利预警，而这是需求驱动型专利预警无法实现的。

4.6.2 职责驱动型

职责驱动型专利预警是一种受组织的职责要求而自我进行的专利预警驱动模式，也就是说，赋予了组织专利预警工作的职责，组织要实现自己的使命，就必须面对特定的群体提供专利预警服务。例如，国家知识产权局是国家专利最高行政管理部门，掌握着最全面的专利资源，在构建服务型政府、充分发挥专利制度对经济社会发展的促进作用中，就负有为社会提供最基本的专利预警信息的公共服务职责，而这种职责就成为国家专利预警的基本驱动力。职责驱动型专利预警模式是一种主动的、相对完备的预警模式，受职责所驱使，这种预警模式一般较少受到资源条件的限制而可以持续性在某一特定层面或领域进行专利预警，因而更加符合专利预警的基本理念。随着专利预警服务需求的快速增加和需求类型的不断高端化，任何服务机构都不可能全部满足各类需求主体对专利预警服务的需求，这客观上呼唤一种能够协同多种资源的专利预警大机制的构建。这种机制具有一定的层次划分，不同层次的专利预警职能部门或组织依职责运行相应层面的专利预警机制，提供最基本的专利预警服务，例如，国家、区域、行业和企业各自建立专利预警职能组织以实现相应层面的专利预警服务供给。一般来说，除了企业之外，国家、区域和行业职责驱动型的专利预警服务只是一种限于宏观、中观层次的专利预警服务，服务信息具有一定范围的公共利用价值，个性化的服务则由商业服务机构提供。

从驱动模式上来说，需求驱动型是一种他驱动型专利预警，而职责驱动型是一种自驱动型专利预警。相比前者，后者更有可能实现专利预警机制的持续性运转，充分发挥专利预警在服务国家、行业和企业发展中的作用。但是，由于专利预警工作的专业性和对资源条件要求的苛刻性，一般社会组织特别是中小型企业都不太可能建立专门的专利预警工作部门或团队来实时地进行专利预警，因此，需求驱动型将成为微观经济活动领域最主要的专利预警形式。

在市场经济大背景之下，需求驱动型专利预警可能更多的是一种商业性运行模式；而职责驱动型专利预警则是在建立服务型政府的背景下，政府部门或行业组织负有的公共服务职责，更多的是一种公益或半公益性的预警模式。

如图 4-1 所示的专利预警运行体系图，其中，职责驱动型的国家层面专利预警机构提供攸关国家技术、经济等领域安全的宏观专利预警公共服务信息，供相关决策部门和社会使用；行业组织也在中观层面提供本行业技术的中观专利预警公共服务信息，供本组织内企事业单位使用；大中型企业建立自己的专利预警部门或团队提供微观层面的专利预警服务信息，供本企业使用；同时，商业性的服务机构可以为不具备自我服务能力的组织提供预警服务，并可以提供各类高端、个性化的定制预警服务，由此形成一个完备、系统的专利预警运行体系。

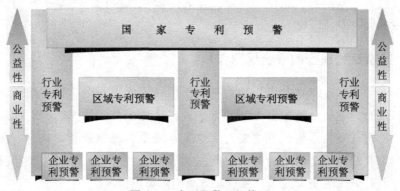

图 4-1 专利预警运行体系

第五章　国家专利预警

根据本书第三章的论述，专利预警从需求主体上可以分为政府、行业和企业三类。政府需求又可以分为国家层面需求和区域（地方）层面需求。根据本书第四章的论述，政府不仅可能是专利预警服务的需求方，也可能是专利预警服务的提供方，作为需求方时，可能包括多个相关的政府部门，作为提供方时，一般是一个或多个具体的专利预警职能部门。本章主要围绕国家层面专利预警展开讨论。

5.1　国家专利预警的安全保障作用

本书第三章曾明确专利预警的基本作用在于保障安全、辅助规划、整合资源以及助力创新。就国家专利预警来说，这几个方面的作用都有体现，但作为一种宏观专利预警，其主要意义体现在安全、规划和资源整合方面，其中尤为重要的是安全保障功能，因此，本节主要讨论国家专利预警在保障科技、产业等方面的安全意义，其他几方面不作重点讨论。

从国家层面来说，安全问题伴随着主权国家的诞生而产生。人类进入21世纪，经济因素在国际关系中地位上升，以经济和科技为核心的综合国力竞争成为各国，尤其是大国之间竞争的焦点，经济安全风险日益加大。在这种背景之下，许多国家都从战略上提升经济安全在国家总体战略中的地位，加大预警力度，充分利用国内、国外两种资源，以宽广的世界眼光来防范危险，促进和保障国家经济安全。

当今世界很多技术领域的制高点都被发达国家所控制，当某一产业和市场还处在萌芽状态时，发达国家的跨国巨头就开始进行前瞻性专利战略布局，抢先瓜分世界市场，这对发展中国家的产业经济安全构成了极大隐患。近年来，在全球市场一体化的背景下，发生在美国、日本、欧盟等发达经济体的针对发展中国家企业的专利诉讼案件接连不断，规模越来越大，涉及领域也越来越广，我国某些行业难以置身事外。从这个意义上来说，国家层面的专利预警，一方面有利于我们在了解全球专利布局态势的基础上，明确我国产业发展整体、重点产业、高技术产业等所面临的专利风险情况，从而以宏观政策调控引导产业的安全持续发展；另一方面也有利于我们在知彼知己的基础上，积极学习发达国家的先进经验，寻求互利互惠的国际知识产权合作，提升专利角度的国家经济安全指数。

5.1.1　国家科技安全

目前，我国总的对外技术依存率仍然较高，工业产品新开发技术仍有相当大的部分属于外源性技术，科技安全形势不容乐观。例如，我国平板显示技术领域就存在三个"短板"：一是没有掌握新一代生产线的集成技术；二是关键设备、装备、部件和材料仍然靠进口，比如关键装备曝光机、蚀刻设备、成膜设备主要靠进口，彩色滤光片等主要来源于美国、日本和韩国等；三是该领域几乎没有相关基础专利技术。由于发达国家主要是通过专利布局和技术秘密两种方式实现技术控制，而专利布局又是实现世界范围内技术控制的重要手段，因此，专利布局态势与国家科技安全息息相关。

由于专利风险的存在，国家科研攻关不得不避开一些技术发展方向，甚至关键技术方向的研发。例如，我国民用航空领域飞机发动机制造技术，既面临着技术封锁，又面临着以专利为主要表现形式的技术壁垒，这在一定程度上导致我们既不能通过购买等途径取得先进技术，又不能放开手脚研发，最终影响了我国自主技术的掌握。很显然，这种风险的存在可能会对国家科技发展带来安全隐患。因此，从国家层面进行专利预警，将有利于我们在了解并规避专利风险的基础上寻求可能的研发路径，逐步降低对外技术依存度，从而维护国家科技安全。

专利制度建立的初衷就是为了促进科技创新，保护创新成果安全，虽然其不可避免地引入了专利风险，但是专利风险是一种可预测、可防范、可控制的风险，通过专利预警机制可以将专利风险控制在一定范围之内，并尽可能寻求科技发展安全之路，降低其对国家自主科技掌握的影响。专利预警对于国家科技安全所发挥的作用主要有以下几个方面：一是了解全球技术发展最新动向及其专利布局情况；二是了解我国在特定技术上的技术水平以及面临的专利风险情况；三是辅助选择现有条件下可能的技术突破路径；四是积极利用专利文献披露的技术提高技术研发水平。当然，国家层面的专利预警，应当主要针对那些攸关国家产业技术发展的公共性、基础性技术。

5.1.2　国家产业安全

产业安全是由世界经济发展的不平衡性所引起的，是经济全球化背景下出现的特定问题。随着国际投资和贸易的发展，各国在产业安全方面的问题将趋于多样化，其中，如何有效保护国内幼稚产业和支柱产业，防止外国资本对本国产业的垄断和控制，提升自身产业的国际竞争力成为各国维护产业安全的重要任务。随着知识产权日益成为国际竞争的基本准则，其在维护本国产业技术安全的同时也会带来相应的风险，这种风险不但在高新技术产业上有表现，而且在传统产业甚至支柱产业上也有体现。

（1）传统产业安全。一些具有传统优势的产业领域，也会由于专利风险的引入而引起产业安全问题。例如，国外公司特别是日、韩公司在我国的专利布局，一定程度上已经影响了我国传统中医药产业的安全。

（2）支柱产业安全。所谓支柱产业是指关系到国计民生的、提供基本生活资料的产业，例如，能源、粮食等产业。随着国外公司在我国的专利布局，这些支柱产业已经面临着不断积累的专利风险。图5-1示出分子标记辅助育种这种新型育种技术的全球专利申请态势，中国专利申请连年快速增加，其中很多来自于跨国公司的专利布局。在能源领域，一些跨国企业通过在我国的专利布局控制了新能源开发设备相关技术，继而间接控制了高端设备市场，这给我国能源产业安全带来很大风险。

图5-1　分子标记辅助育种技术专利申请态势

（3）新兴产业安全。新兴产业往往是一些高科技产业，例如，计算机、通信、航空航天、生物、海洋、新材料、新能源等。与传统产业或成熟产业相比，新兴产业更需要知识产权保护。由于现代产业竞争本质上是快者得先机，以知识产权为扩展武器的全球范围内的新兴产业"跑马圈地"运动已经快速展开，一旦技术被他人抢先进行专利布局，后来者基本只能亦步亦趋，如果另辟蹊径，就要付出巨大代价。总体来看，我国新兴产业专利技术较少，核心专利技术更少，在海外专利布局也十分有限，相比而言，跨国企业的持续快速专利布局将深刻影响我国新兴产业发展的安全态势。

充分发挥专利预警机制的作用，有利于及时掌握国外专利布局动向，从国家层面上维护各类产业安全。特别是在高新技术产业上，通过专利预警机制，一方面可以防范技术创新的专利风险，防止重复研发，寻找拓展高技术产业创新发展的新路径，逐步减少高端产品的对外依存度；另一方面也可以在我国一些有初步实力的高技术产业试图走出国门发展，却面临被国外专利束缚的被动局面之时，积极排查专利"绊脚石"，做好主动防范或寻求合作的多手准备，逐步提升国际市场竞争力。

5.1.3 国家贸易安全

在知识经济时代，知识产权已成为技术标准和技术性贸易壁垒的重要支撑，成为连接技术与经济贸易的纽带，西方发达国家早已把知识产权作为国际贸易竞争的主要武器和实施贸易保护的重要工具。在 WTO 奠定的国际贸易框架下，知识产权与国际贸易已经完全融合在一起，成为一种无形国际贸易壁垒，这种壁垒的实质是在知识产权方面占据优势地位和拥有先进技术的发达国家利用其所主导制定的知识产权保护规则，限制他国企业在本国和国际市场的拓展。

早在中国"入世"之前，就有专家提出，加入 WTO 以后，市场竞争的关键不是关税壁垒，而是技术壁垒，技术壁垒后面就是专利。以我国实际情况来看，对外贸易在取得长足发展的同时，知识产权问题也越来越突出：一方面，"中国制造"已在集装箱、家电、电子玩具等领域的上百个产品市场以世界第一的份额傲视全球；另一方面，中国正成为各国以知识产权为武器猛烈狙击的对象，知识产权已成为国外企业遏制我国商品出口的利剑。来自美国、欧盟各国、日本、韩国等专利大国的知识产权压力已经对中国对外贸易构筑了一道高高的门槛，我国海外知识产权纠纷数量不断增多。

例如，美国通过"337 调查"限制我国出口贸易。"337 调查"是美国根据其《1930 年关税法》第 337 节（简称"337 条款"）对不公平的进口行为进行调查并采取制裁措施的行动。在实践中，"337 调查"主要针对进口产品侵犯美国知识产权特别是专利权的行为。由于"337 调查"具有申请门槛低、制裁措施严厉、调查程序简单、应诉费用高昂等特点，"337 调查"成为美国打击他国竞争对手的大棒。自从我国加入 WTO 以后，美国对我国调查的力度逐步加大，2000 年仅有 9 件，2001 年猛增到 29 件，2008 年更是达到了 43 件之多，这种知识产权壁垒成为近年来我国对外贸易很大的安全隐患来源。

从国家层面进行专利预警，一方面有利于早期发现外向型产业的出口专利风险，及早做好准备；另一方面也有利于在出现以专利为主要贸易壁垒的贸易争端时，及时发现有利证据并有效应对，努力化解危机，维护我国产业在对外贸易中的集体利益。

5.1.4 国家投资安全

国家投资安全与政府承担的重大社会经济任务息息相关。目前，在国家已支付的财政专项投资支出中，有相当一部分收益很少，其重要原因在于决策过程科学支撑不够，项目论证不充分，造成资金投入到一些效益较低甚至面临安全风险的项目之中。

目前在我国，对于研发成本高昂、单个市场主体通常难以承担、技术复杂度高的大型基础研究或建设项目，政府往往通过直接投入的方式成为项目主要投资主体，如科技部 973 计划、863 计划和国家重大专项研究等项目，国家每年都会投入巨额财政资金。然而，这类项目的重复研发、科研造假、遭遇专利侵权诉讼等情况屡见不鲜，社会负面影响很大，甚至造成巨额经济损失。究其原因，很重要的一方面就是知识产权特别是专利预警机制的缺失。专利预警可以为国家投资项目筑起一道知识产权"保护墙"，为项目立项、准入、监管和验收设立标准，保证国家项目的知识产权安全，提高国家项目自主知识产权创造效率，提升国家财政投入的经济社会效益。

国家专利预警除了上述安全保障意义之外，还包括在理清国家专利资源、分析专利风险的基础上整合各类资源、部署各类发展规划等情报信息支撑的基本作用，这里不再进一步讨论。

5.2 国家专利预警主要类型

从目前国家层面开展的专利预警活动来看，根据预警角度的不同，可分为三类：国家专利资源分布态势预警、战略性新兴产业专利预警、重大经济科技项目专利预警等。这三类国家层面的专利预警具有明显的层次区分，其中，国家专利资源分布态势预警是宏观层次预警，关注国家专利布局的基本风险面；战略性新兴产业专利预警是中观层次预警，关注特定产业的专利风险；重大经济科技项目专利预警是微观层次预警，关注具体的经济科技活动可能面临的专利风险。这三类国家层面的专利预警，从点、线、面上形成了相对完备的国家专利预警体系。

5.2.1　国家专利资源分布预警

专利作为知识资源最重要的表现形式之一，在国际竞争中已经具有很强的战略资源属性，其拥有量是国家科技创新力的重要表征，是衡量一个国家科技地位的重要指标，这种资源分布的不平衡性，正是国家层面专利风险的主要来源。因此，从国家宏观全局的角度对国家专利资源的分布态势进行时间序列上的持续预警或某一特定时间点的预警都具有十分重要的意义。国家专利资源分布态势预警包括两个不同角度的预警：一是本国专利资源分布态势预警；二是全球其他国家专利资源分布态势预警。

本国专利资源分布态势预警进一步包括两个角度：①通过对一定时期本国申请人专利申请数量、专利授权数量、技术领域分布、核心技术掌握情况、申请类型分布、申请人类型结构、主要申请来源区域等情况的分析，从宏观面上了解本国专利布局动向，分析潜在的内源性专利风险；②在了解本国专利资源分布态势的基础上，进一步分析同期国外进入本国的专利申请数量、专利授权数量、技术领域分布、核心技术情况、主要来源国家、技术优势企业等，一方面获知国外最新技术研发动向，另一方面也预警国外企业在我国的专利布局动向，并通过对比分析预警我国产业发展面临的专利风险，提出包括寻求内部、外部合作在内的各种风险应对指导意见或政策措施。

国家层面对其他国家的专利资源分布态势预警可以获知几类十分有价值的情报信息：一是前瞻性了解其他国家或地区的专利布局态势，从而对技术发展、市场变化情况进行预测；二是通过专利预警提供的情报信息，分析不同国家或区域的企业、技术、人才等创新要素资源的分布情况；三是通过国际情况的了解，对发达国家可能在我国的专利布局最新动向进行预警；四是对我国拓展海外市场的专利风险情况进行预警。

总的来说，国家专利资源分布预警是一种宏观预警，不关注具体的微观市场活动或市场主体的专利风险，主要是通过大数据分析了解技术发展、产业发展的基本风险面，对这类专利风险的了解，有利于从国家层面掌握或盘活专利资源，提供特定时期专利资源在全球不同国家的分布和国内竞争态势情报，为国家科技发展、产业发展等相关战略决策提供情报来源。

5.2.2 重要产业领域专利预警

这里的重要产业包含着两层含义：一是在国民经济发展中具有战略性、支柱性的产业，例如，能源、交通、农业生产领域；二是在国民经济发展中具有前导性、拉动性、以高新技术为代表的新兴产业，例如，信息产业。对这两类产业的专利预警，有利于维护国家经济安全和社会稳定，掌握技术发展最新动态，抢占新一轮技术变革中的制高点。

国家层面对战略支柱产业的专利预警应该重点关注攸关国计民生的重要产业领域，对其国内外的专利申请布局情况进行全天候监测分析，对重要的风险兆头及时捕捉、及时处理、及时化解。例如，在农业生产领域，美国知名生物公司孟山都从美国农业部（USDA）种子库获得了来自我国的野生大豆种子材料，并运用分子生物技术进行检测和研究，成功研制出一系列高产大豆相关技术，并在 2001 年就该技术在包括我国在内的多个国家和地区申请专利。众所周知，我国是世界上最早种植大豆的国家，拥有野生大豆种子资源6000 多种，有 4000 多年的栽培种植历史，但即便如此，也还是会面临专利侵权的风险。这种在农业领域的专利风险可能会给国家粮食安全带来极大隐患，同样的领域还有石油、天然气、电力、汽车制造、民用航空等产业领域。因此，必须对其进行持续的风险监测和预警。对这类产业的专利预警，可以从国家层面建立专题动态专利预警数据库，全面跟踪研究全球最新技术研究情况及我国专利布局动向，定期发布专利预警相关信息，以放眼全球、开放包容的积极态度和有效举措保障产业安全。

国家层面对新兴的专利预警主要应当关注技术密集型的高新技术产业，这些产业是我国转变经济发展方式、调整产业结构的重要驱动力量。新兴产业创新要素密集，投资风险大，国际竞争激烈。因此，要充分发挥专利预警的情报搜集和风险警示作用，密切跟踪最新国际产业发展和专利布局动向，着力突破核心技术，抢占技术制高点，全面进行专利布局，积极参与新兴技术国际标准的制定，充分利用专利与技术标准武器，构筑国家在高新技术领域的知识产权防线，全面提高在新兴产业国际分工中的地位，增强国际话语权。

从产业技术发展角度来看，上述一些国民经济支柱产业和新兴产业领域并不能严格区分开来，例如，以新能源、新材料技术为代表的高新技术产业，正在改变传统能源和基础工业原料产业，而这些领域，更是国家专利预警应当给予高度关注的产业领域。

5.2.3　国家重大项目专利预警

国家重大项目专利预警是指从国家层面对攸关国家经济科技安全的重大科研、产业化、资产重组、并购或技术进出口等项目进行专利预警，以规避国家投资专利风险，保障决策安全。国家重大项目专利预警主要包括技术创新项目专利预警、企业引进项目专利预警、人才引进项目专利预警、技术引进项目专利预警、合资合作项目专利预警、海外投资项目专利预警等。其中，技术创新项目专利预警的目标是分析评价拟进行研发创新的技术路线或方案的可行性与价值，论证创新过程的专利风险，提出优化创新方案的对策和建议；企业引进项目专利预警的目标是分析某一产业领域可供引进的企业，并评估待引进企业的引进风险，特别是引进中的专利风险，并结合实际提出招商与合作的步骤和策略建议；人才引进项目专利预警的目标是通过专利数据寻找特定技术领域的创新人才，分析其技术背景和专长，了解其所发明或拥有的专利情况，并结合需求，提供引进可选对象或引进策略；技术引进项目专利预警的目标是结合技术需求，分析可供引进的专利技术，了解专利技术的先进性、可替代性、侵权风险、技术依赖性等，提供引进策略；合资合作项目专利预警的目标是通过专利数据寻找并了解特定的合资合作目标及其专利状况，从而在合资合作（特别是合资谈判）中基于对方的情况设计自身的底线与策略；企业并购项目专利预警的目标是了解特定并购目标的专利现状，并据此评估并购价值、设计并购策略；海外投资项目专利预警的目标是在投资前了解特定投资目标地区的专利状况，并结合自身技术情况评估投资专利风险，提出投资中有关专利方面的应对策略。以上列举了几种常见的重大项目专利预警，实际中可能还有多种可以通过专利数据评估风险、提出对策的面向特定项目的国家专利预警，这里不再一一列举。

对重大项目进行专利预警，可以尽早发现专利风险隐患，提出规避方案或防范策略，保证重大项目的顺利实施；还可以在风险预警的基础上，提出项目科研成果保护策略，防止自主知识产权流失，提高科研产出效率；可以防止国有资产重组、投资、并购等过程中资产的不必要损失，保证国家经济安全。《全国专利事业发展战略（2011—2020年）》明确提出我国将选择若干对专利分析需求突出的重点领域，适时建立国家层面重大经济活动中以专利审议为核心的知识产权审议制度。这种审议制度，其实就是对专利风险的评估预警机制。目前，在国家专利预警机制尚未完全建立之前，重大项目专利预警的推行是普及专利预警理念，推广专利预警方法的有效途径。

5.3 国家专利预警典型案例

5.3.1 国家专利资源分布预警案例❶

【案例导读】

本案例属于第 5.2.1 节所述的国家专利资源分布预警案例，具体是针对 2009~2013 年五年内美、日、韩三国在我国的发明专利申请布局状况的分析，主要应用的是专利预警的风险预警和情报获取功能。目的是掌握发达国家在我国专利布局的最新动向，了解我国产业发展面临的宏观风险。预警模型构建方法相对简单，主要是以专利布局总体趋势、申请人、技术领域等一般性统计指标，从宏观层面描述美、日、韩三国在我国的专利布局基本现状与发展趋势。

【预警分析】

2008 年《国家知识产权战略纲要》颁布实施以来，我国专利事业取得长足进步，发明专利申请量自 2011 年以来连续位居世界第一。随着我国专利保护力度持续加强，创新发展环境不断优化，越来越多的国外申请人对中国市场发展潜力充满信心，选择来中国进行专利布局，其中美、日、韩是有代表意义的三个国家。分析这三个国家在中国的专利资源分布及其趋势，有利于了解我国专利资源的国外申请构成情况，了解其产业分布状况，并前瞻性预判产业风险与发展机遇。

（1）美国。

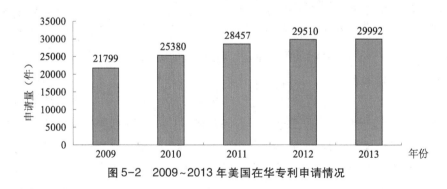

图 5-2　2009~2013 年美国在华专利申请情况

---

❶　本案例资料来源于国家知识产权局《专利统计简报》2014 年第 12 期（总第 164 期）。

如图 5-2 所示，2009～2013 年，美国在中国共申请发明专利135 138件。五年来保持 8.3% 的年均增速，增长趋势稳定。2013 年当年，美国来华发明专利申请达到29 992件，是 2009 年的 1.4 倍。

如表 5-1 所示，美国来华发明专利申请主要集中在计算机、数字通信、电机电气装置、医药、半导体和发动机等技术领域。特别是计算机技术领域，五年来均位居美国在中国专利申请数量的首位，并呈稳步增长趋势，这与美国计算机技术全球领先的地位相匹配。此外，美国公司在数字通信、医学技术、半导体和发动机等领域专利申请数量也较多，增长趋势明显，显示出美国企业对这些领域的关注。

表 5-1 2009～2013 年美国在华专利申请技术领域情况

单位：件

技术领域	2009	2010	2011	2012	2013	总计
计算机技术	2082	2374	3409	3424	3443	14732
数字通信	1554	2078	2122	2014	2044	9812
电机、电气装置、电能	1534	1759	1862	2030	1951	9136
医学技术	1346	1472	1714	1988	2135	8655
半导体	946	1174	1429	1322	1431	6302
发动机、泵、涡轮机	905	1146	1292	1472	1439	6254
有机精细化学	1089	1127	1179	1187	1179	5761
测量	789	964	1074	1227	1249	5303
基础材料化学	775	927	1131	1086	995	4914
运输	805	757	946	1112	1267	4887
药品	931	887	885	968	993	4664
生物技术	657	808	862	920	916	4163
音像技术	674	748	919	850	869	4060
机器零件	551	712	750	743	853	3609
高分子化学、聚合物	610	724	716	675	736	3461
电信	788	707	695	616	646	3452
化学工程	514	592	676	631	658	3071
光学	483	628	665	662	617	3055

续表

技术领域	2009	2010	2011	2012	2013	总计
表面加工技术、涂层	420	451	476	521	473	2341
土木工程	356	400	419	526	617	2318

如图5-3所示，美国来华发明专利申请主要集中于该国跨国公司，2009~2013年，发明专利申请量排名前十的申请人分别是高通股份有限公司（6029件）、通用电气公司（5875件）、通用汽车公司（5697件）、微软公司（3957件）、国际商业机器公司（3293件）、3M创新有限公司（2405件）、英特尔公司（2245件）、福特全球技术公司（2160件）、惠普开发有限公司（1337件）、陶氏环球技术公司（1310件）以及苹果公司（1290件）。

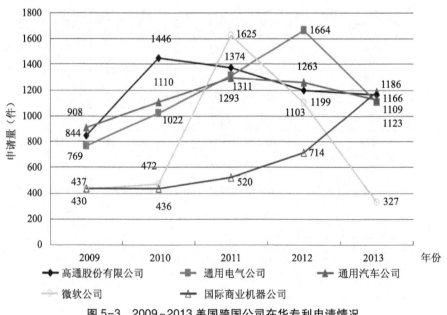

图5-3　2009~2013美国跨国公司在华专利申请情况

高通公司主要涉及数字通信技术，五年来申请量稳居美国申请人前三名；微软公司经历过2009~2011年发明专利申请的高速增长后，申请量开始大幅下降，2013年以327件下滑至美国来华申请人的第11位；同期苹果公司的发明专利申请量五年来增长迅速，年均增速达24.2%。通用和福特两个汽车企业位居来华申请数量前十位，技术主要集中于汽车发动机相关技术。

（2）日本。2009~2013年，日本来华发明专利申请共计186 877件。

2009~2012 年 4 年来保持 11.8% 的年均增速。但 2013 年,申请量小幅回落,比 2012 年下降了 1085 件。但日本来华发明专利申请量近年来始终位列各国来华申请的榜首。

日本企业在中国申请的发明专利申请主要集中在电机电气装置,光学、音像和半导体等技术领域。特别是电机电气装置领域,五年来均位居首位,并呈稳步增长态势,这与日本电器领域技术全球领先的地位相匹配。此外,日本公司在计算机技术、运输、测量和数字通信等领域专利申请数量也相对集中。

2009~2013 年,日本来华发明专利申请量排名前十的申请人分别是索尼公司(10446 件)、松下电器公司(9357 件)、佳能公司(5904 件)、丰田自动车公司(5626 件)、夏普公司(5331 件)、三菱电机公司(4204 件)、精工爱普生公司(4069 件)、东芝公司(3988 件)、本田技研工业公司(2707 件)以及富士通公司(2560 件)。近年来申请量稳居前两位的索尼公司和松下电器公司作为日本代表性的电器公司,非常重视在华专利布局。与美国相似的是,丰田和本田两个汽车企业也出现在日本申请人的前十位中,特别是丰田汽车始终保持稳步增长态势,可见日本汽车企业在中国较高的市场占有率促使其不断加强知识产权保护。

(3)韩国。2009~2013 年,韩国来华发明专利申请共计41 065件。五年来以 16.5% 的年均增速高速增长。到 2013 年,申请量首次超过万件,是 2009 年的 1.8 倍。

与日本相似,韩国来华发明专利申请主要集中在电机电气装置、半导体、音像技术、计算机技术和数字通信等领域。特别是电机电气装置领域,五年来呈稳步增长态势。此外,韩国公司在光学、电信等领域专利申请数量也相对集中。

韩国跨国电子及电器公司在中国专利申请增长迅猛,2009~2013 年,发明专利申请量排名前十的申请人分别是三星电子公司(7486 件)、LG 电子公司(4175 件)、现代自动车公司(2381 件)、LG 显示有限公司(1757 件)、三星显示有限公司(1372 件)、三星电机公司(1354 件)、LG 化学公司(1302 件)、LG 伊诺特公司(1161 件)、三星 SDI 公司(903 件)以及爱思开海力士公司(899 件)。三星电子公司作为世界最大的 IT 企业之一,近年来在中国电子产品市场占据很大份额,其电视及手机产品深受中国消费者青睐,在华专利布局力度也逐年加强。紧随其后的 LG 电子公司近五年来发明专利申请量也稳步增长。作为全球液晶面板的主要制造商，LG 显示有限公司和三星显示有限公司，近年来专利申请量稳步上升，2013 年，两家公司在华发明专利申请量超过 1000 件，与国内主要液晶面板制造商京东方的申请量接近。在韩国前十申请人中也有现代自动车公司一家汽车制造企业，且 2011 年至今，稳居韩国企业在华申请数量第三名。

【分析结论】

通过对美、日、韩在我国五年的专利布局数据分析，可以得出以下初步结论：美、日、韩在中国专利布局以年均 8% 以上的速度快速增长，日本位居总数第一，美国其次，韩国以 4 万余件的总量位居第三；计算机、电机电器装置、半导体等技术是三国在我国专利布局最集中的共性技术，美国最关注的是计算机、数字通信及电机电器技术，日本最关注的是电机电器、光学和音响技术，韩国的重点在电机电器、半导体和音响技术，这和其本国的优势产业技术吻合；以高通、索尼、三星电子为代表的跨国公司是美、日、韩在我国专利布局的主力，汽车领域的美、日、韩企业已经加大在我国专利布局的力度。

【预警提示】

美、日、韩在中国的快速专利布局表明，随着我国知识产权保护环境的日益改善，发达国家对我国市场的专利布局日趋重视，在以计算机、通信为代表的信息产业以及以电机电器装置为代表的装备制造产业上，未来我国市场竞争将十分激烈，专利风险不容忽视。对此，站在国家产业发展安全的角度，一方面我们要加大自主创新力度，在上述领域着力突破一批核心技术，积极参与国际化竞争；另一方面我们也要密切跟踪发达国家跨国公司的技术研发和专利布局动向，规避专利风险，并在互利互惠的基础上寻求合作共赢之路。

5.3.2　战略性新兴产业专利预警案例❶

【案例导读】

本案例属于第 5.2.1 节所述的国家专利资源分布预警与第 5.2.2 节所述的战略性新兴产业专利预警的混合案例，具体是针对 2008～2012 五年内我国战略性新兴产业整体发明专利授权状况的分析，主要应用的是专利预警的风险

---

❶　本案例部分资料来源于国家知识产权局 2014 年发布的《战略性新兴产业发明专利统计分析总报告》。

预警和情报获取功能。目的是从宏观层面了解我国战略性新兴产业专利布局的动态情况，包括国外在我国的布局以及我国各区域专利布局的活跃程度等，并以此进一步分析产业发展可能存在的外源性和内源性专利风险。预警模型构建方法也比较简单，主要是专利授权量结合时间、产业领域、国内区域、国家、申请人等维度进行的一般性统计分析指标的组合，侧重于通过数据的比较发现宏观面风险。值得一提的是，该案例在操作层面的难点在于战略性新兴产业技术边界的确定与相应专利数据的检索，例如，如何确定哪些专利技术属于节能环保领域并检索，目前有两种基本方法，一是将产业领域对应到专利技术分类号上，而后以分类号进行检索，二是通过产业领域涉及的技术内容进行直接检索。两种方法各有优缺点，这里不赘述。限于篇幅，本案例只选取了报告中的一个片段进行简要介绍。

【预警分析】

"十二五"规划纲要和《国务院关于加快培育和发展战略性新兴产业的决定》中明确提出节能环保、新一代信息技术、生物、高端装备制造、新能源、新材料、新能源汽车等七大产业为战略性新兴产业。作为对国民经济当前和未来发展具有重要影响的高技术产业，专利在其中发挥的作用日趋明显。为了抢占产业制高点，全球范围内都在针对这些新兴产业技术进行专利布局。对这些产业进行专利预警，一方面有助于及时发现产业专利风险，另一方面也有助于产业创新发展战略的实施。以下截取战略性新兴产业专利数据分析的一个片段作为示例。

2008～2012 年期间，我国七大战略性新兴产业发明专利授权量共计150 691件，授权量年均增长率为26.04%，其中 2012 年的授权量首次突破 6 万件，同比增长 27.07%，显示了十分强劲的增长势头。

如表5-2 所示，七大战略性新兴产业中，新一代信息技术、节能环保、生物等产业的发明专利授权量明显高于其他战略性新兴产业，新能源汽车产业的专利授权量最少，5 年期间累计只有 4000 多件。

表5-2 2008~2012 年七大战略性新兴产业专利授权数量

单位：件

战略性新兴产业	2008 年授权量	2009 年授权量	2010 年授权量	2011 年授权量	2012 年授权量
节能环保	4826	7496	7463	9736	13138
新一代信息技术	10390	15099	13925	17541	21342

续表

战略性新兴产业	2008 年授权量	2009 年授权量	2010 年授权量	2011 年授权量	2012 年授权量
生物	6333	8390	9219	10848	13629
高端装备制造	1243	1798	2113	2596	2858
新能源	591	1050	1299	2063	3256
新材料	3178	4208	4677	7059	9531
新能源汽车	212	353	400	1345	1941

以 2011 年和 2012 年的数据为例，进一步分析战略性新兴产业的国内外申请人授权情况。表 5-3 示出了这两年专利授权的绝对数值，就相对比例而言，2011 年和 2012 年国内申请人在战略性新兴产业上的授权比例均为当年总数的 68% 左右，即这七个产业的专利授权对象以国内申请人为主。具体到七个产业，2011 年，节能环保、新能源、生物、新材料等产业国内申请人获得的授权量均达到国外申请人的 2.5 倍以上，高于当年中国专利授权国内外申请人的比例（1.88），高端装备制造、新一代信息技术和新能源汽车的比例分别为 1.79、1.45 和 0.62，即新能源汽车领域中国专利授权以国外申请人为主。2012 年的情况基本类似，除了新一代信息技术和新能源汽车的国内外专利申请人授权比低于当年整体比例 1.96 外，其余产业均高于这一平均值。

表 5-3　2011~2012 年七大战略性新兴产业国内外专利申请人专利授权数量

战略性新兴产业	2011 年发明专利授权数量（件）		2012 年发明专利授权数量（件）	
	国内	国外	国内	国外
节能环保	7738	1998	10508	2630
新一代信息技术	10386	7155	12646	8696
生物	8465	2383	10236	3393
高端装备制造	1665	931	1930	928
新能源	1628	435	2500	756
新材料	4959	2011	6666	2865
新能源汽车	517	828	793	1148

值得注意的是，以上表数据计算，2012 年国内战略性新兴产业专利授权的增速为 26.57%，比同期国内发明专利授权增长率（28.04%）略低；与此

形成对比的是，2012 年国外在华战略性新兴产业专利授权的增速为 28.13%，比当年国外在华发明专利整体授权增长率（22.57%）高出 5.56 个百分点。即在国外在华整体授权增长率低于国内增长率时，国外战略性新兴产业专利授权增长率仍然保持快速增长态势。

如表 5-4 所示，从战略性新兴产业专利授权对象的国内区域分布来看，东部与中西部地区差异巨大，2011 年和 2012 年均占到总数的 2/3 以上，中部和西部各自的比例都在 10% 左右，东北地区在 5% 左右，这与我国产业结构基本吻合。但从增速来看，中西部地区 2012 年的增速明显，均达到 28% 以上。

表 5-4　2011~2012 年七大战略性新兴产业专利授权国内区域分布

地区	2011 年		2012 年		2011~2012 变化情况	
	授权量（件）	比重	授权量（件）	比重	增长量（件）	增长率
东部地区	22527	68.13%	28685	68.55%	6158	27.34%
中部地区	3443	10.41%	4548	10.87%	1105	32.09%
西部地区	3543	10.72%	4541	10.85%	998	28.17%
东北地区	1882	5.69%	2323	5.55%	441	23.43%
港澳台地区	1668	5.04%	1751	4.18%	83	4.98%
合计	33063	1	41848	1	8785	26.57%

【分析结论】

2008~2012 年期间，我国战略性新兴产业专利授权量增长迅猛，新一代信息技术、节能环保、生物等产业的专利授权数量较多，新能源汽车领域专利授权最少，这反映了产业和市场的实际情况；国内申请人的专利授权总量占据战略性新兴产业的绝对优势，特别是在节能环保、新能源、生物、新材料方面，数量优势明显，但新能源汽车领域国内申请人的专利授权量连续数年低于国外申请人；国外申请在华整体专利授权增长率整体低于中国平均水平，但战略新兴产业的授权增长率却高于平均水平，反映了这些领域受到了突出的关注；战略性新兴产业国内专利授权的区域分布主要集中于东部地区，中西部地区较少，但增速较快。

【预警提示】

战略性新兴产业在我国产业结构转型升级过程中发挥着至关重要的作用。上述数据有值得乐观的一面，即我国战略性新兴产业专利授权量增长较快，大多数领域和国外申请人相比有数量优势；但是，应当注意到，在这些领域上，相对优势主要体现在数量上，今后还需要在以核心专利为代表的专利质量上下工夫，在新能源汽车等未来产业竞争激烈的领域，我国在技术研发和专利布局上还需要全面谋划并及时赶上；目前，专利授权数据也从一个角度反映了我国战略性新兴产业区域分布上的极大不均衡，这带来了产业长远发展的结构性风险，需要从国家层面积极引导，合理规划产业综合布局。

5.3.3　国家重大科研专项专利预警案例

【案例导读】

本案例属于第 5.2.3 节所述的国家重大项目专利预警，具体是针对我国高端装备制造领域一个由国家立项的重大科研项目进行的专利预警，综合应用了专利预警的风险预警、危机管理和情报获取功能，目的是通过专利预警，分析该项目实施所面临的宏观、微观及内外部专利风险，并针对性地提出风险应对策略。在预警模型的构建上，综合设计了包括时间、区域、技术、申请人等维度在内的多种组合指标，并以宏观风险、微观风险以及创新路径等三个基本模块来针对性地组织具体指标信息，在结论上也具有相对明确的针对性。限于篇幅，本案例只选取了项目中的一个片段进行模型抽象介绍。

【预警分析】

改革开放 30 多年来，越来越多的商品源自中国制造。然而，如第 5.1 节所述，在一些具有较高技术含量的高端装备制造领域，我国由于不掌握核心技术工艺，长期以来不得不从发达国家进口相关设备，一方面使得这些产业相关企业的成本提高，另一方面也对我国产业安全造成较大影响，特别是在一些关系国计民生的基础性产业领域，例如，能源工业、汽车工业、船舶制造工业、民用航空工业等。

有鉴于此，根据国家科技发展战略部署，国家层面会主导开展一些重点科研攻关项目，以突破发达国家的技术封锁，维护国家技术安全，为进一步产业竞争奠定基础。然而，在专利布局日趋国际化的今天，科研攻关的风险已经不仅仅是能不能取得预期成果的问题了，同时伴随的风险至少包括科研立项本身是否存在重复研发以及未来成果实施是否存在专利壁垒的风险，而这些风险，最终关系到国家立项的财政投入安全。如前所述，重大项目的专利预警可以在一定程度上排查上述风险，并在一定范围内提出针对性的解决方案。

　　本案例涉及的项目属于国家立项的重大科研攻关项目，目的在于突破某高端装备制造领域的核心技术。预期项目实施周期为五年，投入研发经费总额达数十亿元，项目的实施主体为某国家级科研机构。为了规避风险，保障安全，在立项之时，就项目实施的初步方案进行专利预警研究。

　　在该重大科研攻关项目立项中，需要进行专利预警的主要风险包括以下几个类别：一是防止重复研发风险，即科研攻关的主要技术在国内外是否已有相同的技术被披露；二是辨识宏观专利风险，即科研立项所涉及技术方向的专利布局整体情况如何，有哪些应当关注的国内外研发机构或专利权人；三是明察专利侵权风险，即科研立项所涉及技术方向的重点技术方案初步设计是否存在国内外专利侵权可能性，如存在，当如何应对；四是从技术攻关的角度来看，哪些研发路线存在明显专利风险，如何借助于专利数据选择合适的研发路线；五是如何为未来的研发成果提出有效专利保护方案，防控自主研发成果流失或未能有效保护的风险。

　　根据上述风险分析，从专利预警的角度，可以将预警信息模型分为三个相对独立的模块：

　　（1）模块一主要涉及宏观风险预警。主要目标是明晰该领域的专利布局基本态势，了解项目实施的外源性风险和内源性风险。外源性风险的分析指标主要包括全球专利布局态势、专利布局热点技术、核心专利技术及其掌握者等；内源性风险主要从项目实施方的国内外专利布局、技术研发结构、核心技术掌握情况及其与主要竞争对手的综合比较情况进行分析。例如，图5-4示出了项目研发涉及技术的主要竞争对手专利布局态势。由图可见，该技术的主要竞争者是通用电气等跨国企业，这些企业在不同的国家有不同的布局策略，在不同的技术上也有研发和专利布局的侧重点，根据对技术的深入分析，专利文献公开的仅是这些跨国企业的一部分技术，仍有相当一部分技术是通过技术秘密的形式予以保护。数据还显示，这一重大科研攻关项目从国家层面立项之后，上述跨国公司明显加大了在中国的专利布局力度。这一模块的分析，可以从宏观层面对上述的第一类和第二类风险进行有效辨识和跟踪预警。

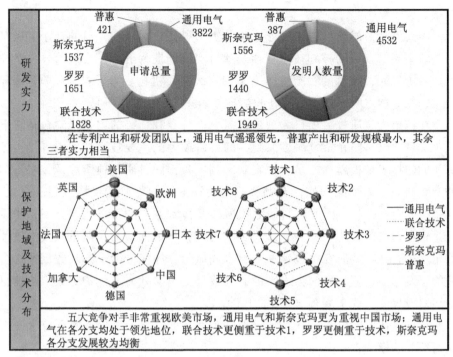

图5-4　主要竞争对手专利布局态势

（2）模块二主要涉及初步研发方案的侵权风险预警。主要目标是对项目实施方的初步研发方案进行专利风险预警，辨识其是否存在专利风险，以尽早进行规避设计，防止未来的核心成果在实施中存在重大风险隐患。通过这一模块的分析，可以从微观层面上识别上述第三类风险并提出主动进攻、积极防御、规避迂回等多层次的风险应对预案。

经过对项目实施方当前技术研发初步方案的侵权检索和深入的专利侵权技术比对，初步判断，拟研发的11个具体技术方案有3个可能对美国的2家公司在中国申请的专利构成专利侵权。面对侵权风险，进一步分析判断之后发现，其中一项专利在产品拟投产的2018年将到期。其余两项专利，一项通过权利稳定性分析，找到了可能导致权利无效的证据文件，未来如果面临侵权诉讼，则可以主动提起专利无效请求；另一项专利目前未能找到无效证据，风险等级较高，因此，在无合作的可能性时，可以考虑选择不同的技术手段进行风险规避。

（3）模块三主要涉及可选择的研发创新突破口的探寻。主要目标在于通过有效运用专利文献披露的技术内容，提取并设计适合于项目实施的技术研发路线乃至具体的研发入口，并为未来的专利挖掘、专利申请和专利布局提出系统解决方案。例如，图5-5所示技术功效矩阵，横轴每一栏表示一种具体的技术手段，纵轴每一栏表示一个具体的技术问题，两者的交汇点处的气泡大小表示采用某种技术手段解决某种技术问题的专利布局数量。显然，矩阵中那些没有气泡或气泡较小的区域，表明采用相应的技术手段解决对应的技术问题的专利布局数量较少，因而也是技术研发和专利布局的可能机会点。通过这一模块的分析，可以帮助项目实施方分析研判未来专利布局的主要技术方向，设计专利布局策略，从具体操作层面上辨别并防范上述第五类风险。

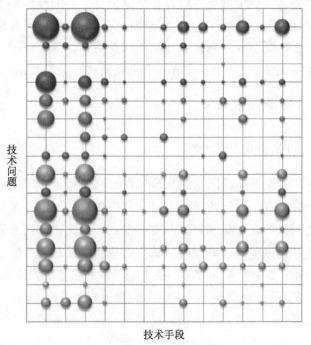

图5-5　技术研发入口

除了设计应急应对方案、短期研发路径之外，根据该科研项目当前实施的情况，结合技术未来发展，还可以就中长期的技术研发与专利布局提出建议。此处不再赘述。

【分析结论】

作为一项国家级重大科研攻关项目，从宏观上看，项目实施既面临着技术本身不易突破的风险，也面临着来自外部的专利风险，特别是掌握这一高端装备制造技术的跨国公司已布局和正在布局专利带来的风险，这种风险目前正在加速累积；从拟实施的具体研发路线和方案来看，目前一些研发方案存在专利侵权风险，一些具体风险可以通过应对预案降低等级，但仍有一些需要积极面对；通过技术路线及技术功效分析，在一些关键技术上，尚存在技术突破和专利挖掘布局的机会点。

【预警提示】

从风险类型来看，该科研专项的实施存在宏观、微观两个层面，外部、内部两种来源的专利风险，因此，在项目实施中，要始终关注国内外专利布局动态，跟踪核心技术的掌握者，了解其技术研发动向，寻求技术研发的有益启示，寻求创新发展中的有效合作，积极创造良好的外部环境；对于正在实施的技术研发方案专利风险，要予以高度关注，制定预案并适时启动，防止危机事态发生；要不断提高研发成果的保护意识，统筹规划，积极构筑能够保护核心技术成果的专利布局体系，不断提高核心竞争力。

5.4　国家专利预警发展思考

5.4.1　国家专利预警的主要问题

经过近十年的发展，我国专利预警工作已经取得了丰硕的成果。就国家层面的专利预警而言，也已经经历了理念宣传普及以及服务培育发展两个阶段，目前正进入系统化的机制建立与完善阶段，但是，应当看到，当前的专利预警工作也存在很多亟待解决的问题。这些问题客观上已经影响到专利预警工作服务国家、服务社会的效率，也影响到预警服务工作面向未来的健康、快速发展。国家专利预警工作存在的主要问题有以下几个方面。

（1）机制不全。支持国家层面的高端专利预警服务机制尚不全面，服务能力相对有限，还不能够满足国家在制定经济、科技、产业政策方面对专利预警的需求。突出的表现在：协调机制尚不健全，现有专利预警工作协调机构的协调力度有待加强，尚未形成国家层面的专利预警合力；工作标准尚不统一，还没有形成能够规范行业发展的专利预警工作标准，导致预警工作流程及内容的标准化程度低；交流互动尚不充分，专业服务机构之间缺乏工作交流和经验分享总结，导致专利预警工作不能在一个高的起点上持续研究，造成资源浪费。

（2）成果不优。国家层面专利预警成果的全面性、系统性、连续性、细致性、操作性不强。领域还不全面，目前的国家专利预警未能对产业进行全面预警分析，往往根据具体需求局限于某一行业或领域，未能在面上铺开；在类似国家专利资源分布这样的宏观预警信息主要通过专利数据统计年报等文件面向社会公布，实时性不强，细致程度也不高，很难从宏观全局角度及时准确地反映国家层面面临的专利风险；在重要产业专利预警方面，也主要集中在一些特定高技术产业领域，领域覆盖面不全，并且不具有持续性，往往是在某一时间点上进行项目研究式的预警，一般不进行跟踪；各类专利预警建议操作性不强，往往只根据专利数据本身给出，没有系统、深入联系国家经济产业政策，产业融合度较低；视野不够开阔，往往只分析过去，而并没有主动地跟踪当前和谋划未来，未能充分利用专利信息提供的国内、国外两种信息资源为国家经济发展、技术研发、专利布局提供决策支持。

（3）运用不力。由于沟通协调不充分、成果发布不规律等原因，客观上造成了专利预警成果的运用不力。主要表现在国家专利预警开展中的工作协调沟通有待加强，一是专利预警工作与专利行政部门的其他工作之间缺少有效的互动机制，未能充分根据预警情报及时启动服务国家利益的工作调整；二是国家专利预警与国家各部门对专利预警的具体需求之间缺少有效互动机制，未能实现与国家职能部门的深度对接与联动。国家层面专利预警，主要是为了从科技、产业、贸易等多方面辅助相关部门决策，但就目前的情况来看，虽然一些部门已经给予专利预警工作一定的重视，但还有相当一部分主管部门并未认识到这项工作对于科技经济安全的重要意义，或者出于部门、行业的短期利益而抵制专利预警对其主管工作的介入；一些已经着手专利预警工作的部门，对于具体专利预警成果，也受限于工作重视程度或成果认知程度而难以得到充分利用。

上述问题的存在，使得目前我国国家层面的专利预警工作，一方面蓬勃开展，个案中亮点众多，另一方面又面临着社会认可度有待提高、行业发展有待引导规范的问题。

5.4.2 国家专利预警的发展建议

为了充分发挥国家专利预警的作用，国家专利预警工作应立足国家利益，放眼全球形势，既统揽宏观全局，又突出产业重点。可见，国家专利预警具有其复杂性和系统性，因而在具体实施中，无论是对数据资源，还是对各类工具资源，乃至人力资源都有较高的要求，这样的要求，如果不能以国家力量介入，则任何机构都难以独自掌握如此全面的资源，也不可能提供全面、高效、优质的国家专利预警支撑。这客观上要求以掌握最为全面的专利公共资源的国家专利主管部门为主履行国家专利预警的公共服务职责。

经过近30年的发展，中国专利行政部门已经成为世界上最大的专利行政审批机构之一，拥有十分完备的专利数据资源、高效运转的信息化网络平台，也拥有世界上最庞大的专利审查员群体，因此，在目前丰富的专利预警实践积累基础上，整合相关资源构建系统的国家专利预警机制已是恰逢其时。

（1）建立机制。当前，可以从国家层面整合国家专利预警工作资源，探索建立运行高效的国家专利预警运行协同机制。该协同机制的建立可以由国家知识产权局专利分析和预警工作领导小组统筹，进一步整合相关力量，吸纳一批具有较强专利预警服务能力的工作部门或服务机构，形成国家专利预警协同体，逐步建立协同体内成员单位之间的工作协同、业务互动和成果共享机制，逐步形成对各参与单位具有约束力的工作规范，形成发展合力，推动国家层面专利预警的业务标准化、规范化。

国家专利预警协同机制的建立和运行接受国家知识产权局业务指导，协同体作为一个有机体承担国家层面的专利预警工作，主要有两个方面：一是宏观管理协调和业务指导，主要包括提出国家层面的专利预警事业发展规划与政策建议，提出国家层面的专利预警工作业务规范，促进专利预警工作的行业自律等。二是常态化的具体业务开展，主要包括以国家产业技术发展安全为主要视角，开展全方位、多角度、全天候的专利预警业务工作，及时、连续、准确地向有关部门和社会公众发布国家专利预警权威信息，提出风险应对的政策建议，引导产业专利布局，防范产业专利风险；同时，以示范性的优质业务开展引导全国不同层面的专利预警工作持续、健康和快速发展。

（2）提升质量。在机制建立和明确职能的基础上，要不断优化运行机制，在专利预警的数据分析、预警评估、信息发布等不同阶段引入更科学高效的管理方式，提供更可靠全面的信息输入，建立更全面系统的预警模型，搭建通畅及时的发布平台，以优化的运行模式提供优质的国家专利预警资讯。具体包括以下几个方面：

一是专利预警信息采集多元化。当前专利预警的信息采集主要来源仅仅是专利文献信息，虽然专利文献信息本身包含了技术、法律、市场等综合性信息，但在对专利背后的纷繁技术脉络和复杂市场情况进行分析预警时，这些信息仍需要进一步的佐证或加强。因此，专利预警信息来源还应当包括来源于其他科技情报资料的技术信息、来源于专利行政管理部门的专利流转、许可等交易信息及执法信息、来源于法院系统的专利诉讼信息、来源于海关系统的与专利相关贸易信息、来源于产业管理部门的与专利相关经济信息。这些综合信息的引入，将大大降低以单一维度的专利文献信息为数据基础进行专利预警分析所带来的输入信息缺失，从而降低致输出信息可能有偏颇的风险。

二是专利预警研究人员专业化。当前国家层面的专利预警研究主要依靠相关领域的专利审查员进行，专利审查员一方面了解相关领域的技术，另一方面也熟悉专利相关知识，因此具有从事国家专利预警工作的天然优势。但是，由于大多数专利审查员并不具备产业背景，对产业与市场实际很难充分了解，因此，可能导致预警研究与产业实际有一定偏差。这客观上要求国家专利预警研究在基础分析阶段需要专业化的专利人员支撑，在深度评估阶段更需要引入相关领域的政策、产业、技术等多元化的专业人才参与论证。因此，需要探索建立覆盖各行各业的国家专利预警专家支撑库，全面提高专利预警成果的产业契合度和最终采信度。

（3）强化运用。当前国家专利预警信息在产业技术安全防范中发挥的作用十分有限，这一方面与专利预警信息提供本身质量不高、产业不全、连续性不强、发布渠道有限等有密切关系，另一方面也与有关部门认识不够、利用能力不足有关系。因此，为了强化专利预警信息的运用，国家专利预警机构一方面要继续宣传理念，普及方法，提高质量，注重效率；另一方面也要推进建立专利预警工作部门联动机制，强化有关制度落实，逐步将专利预警机制渗透到国家产业技术发展的规划设计、政策制定、生产实践等全流程中去，形成以国家专利预警机构为信息提供者，国家产业、技术、贸易、市场等主管部门以及社会创新主体为信息受益者的良性互动机制，保障专利预警信息得以充分有效运用。

在专利预警信息的发布上，也要逐步实现网络化，扩大成果发布平台。当前国家层面的专利预警信息发布时间、地点、主体、媒介基本没有统一的布局安排，随机性较强，这十分不利于有关部门和社会公众了解专利预警信息。因此，国家层面的专利预警信息发布应该在国家专利预警机构业务运行常态化之后，也将信息发布常态化，以定期和不定期相结合的方式，及时发布具有内容连贯性的预警信息。发布方式可以采用发布会现场发布，也可采用互联网发布，平面媒体发布等方式，以立体式、网络化的发布平台及时将专利预警信息传递给社会公众；要建立国家专利预警数据库平台，平台提供专利预警的历史和当前研究信息，向社会公众免费开放，提高专利预警公共信息资源的利用效率。

由于专利资源高度集中于国家最高专利行政主管部门，这也决定了专利预警工作在很大程度上依赖于自上而下的推动发展。国家层面专利预警机制建立之后，可以以其为运行中枢机制进一步构建全国性的专利预警系统，实现由宏观、中观、微观三个不同层次的预警系统所构成的垂直型监测预警网络，即由国家、区域或行业协会、企业等相应的专利预警系统形成的三级预警子系统。各子系统之间形成网络体系，自上而下地分级监控专利风险，上级预警机构对下级机构进行指导和协调，并及时接受来自各子预警系统的反馈信息，对其处理后将指导意见、决策方案和措施及时传输下去，从而实现图 4-1 所描绘的以国家专利预警机制为运行基础的全国性、全天候的专利预警运行机制。

第六章　区域专利预警

关于区域专利预警，本书将其范围界定为国家层面以下的包括省（市、自治区）、地（市）、县等行政区划，以及国家规划的大区域或地方规划的经济开发区、高新技术产业园区等政府机关或其派出机构依职责或依需求进行或委托进行的专利预警工作。

6.1　区域专利预警的规划辅助作用

专利预警的基本意义在于防范专利风险，保障经济发展和产业发展安全，因此，安全是专利预警最本质的作用。很显然，区域专利预警也有保障区域科技、产业安全的基本作用，这一点和国家专利预警并无本质区别，这里不再赘述。除了保障安全的基本作用之外，专利预警提供的情报信息还可以为规划制定提供辅助信息，本节主要侧重于在区域创新发展规划制定过程中发挥专利预警情报信息支撑作用的论述。

6.1.1　区域专利规划

2010 年，国家知识产权局发布了《全国专利事业发展战略（2011—2020年）》，这一战略是在《国家知识产权战略纲要》发布之后对我国专利事业发展的全面规划。在国家层面专利战略规划之下，各级政府都先后出台了相应的区域专利发展规划。为了制定好区域专利发展规划，就必须在全面了解区域专利资源现状和区域发展所面临专利风险的基础上进行，这体现出了专利预警在区域专利事业发展中的辅助规划作用。事实上，通过专利预警研究，一方面可以明确区域专利资源历史积累及分布现状，另一方面也可以通过比较，了解目标区域在同类区域中的位置，分析区域专利事业发展面临的主要问题、主要风险，从而有针对性地提出专利事业发展规划。例如，从专利申请速度、类型、数量、质量、申请人类型、重点申请领域等方面进行全面规划，以指导区域专利事业有序健康发展。

6.1.2　区域科技规划

随着知识产权事业的快速发展，专利在区域经济科技发展中的作用日趋凸显。目前，专利数据已经被作为衡量一个地区甚至一个单位科技水平的重要指征，专利数据的变化，在一定程度上反映了区域科技发展的动态情况。因此，通过区域专利预警，深入挖掘专利数据中蕴含的丰富技术发展信息，可以全面了解一个地区或产业集聚园区的技术发展现状、存在的主要问题，并在横向对比之后分析区域科技发展面临的主要风险等，以此作为区域科技发展规划制定依据来源信息之一。例如，通过专利数据分析，可以了解一个区域科技发展所涉及的主要技术领域，这些技术领域的研究实力水平，待突破的主要技术问题，当前的主要研发单位、骨干人才队伍，以及这些技术领域在国内外的研发现状等。这些信息的分析提取，有利于在全面了解情况之后做出符合区域实际的科技发展规划。

6.1.3 区域产业规划

本书第四章提到了专利预警的一系列分析指标，这些指标的综合运用，可以得到一个国家或地区整体产业结构情况及某一产业的产业链构成及其在全球、全国产业链中的位置情况。这些信息的提取，对于了解区域产业发展现状，找准区域产业问题，预警区域产业发展风险都具有重要意义。随着知识产权日益成为市场竞争的基本规则，国家之间，甚至在国家内部的区域之间知识产权实力也已经成为产业发展软实力的体现，特别是在高新技术产业上，产业竞争说到底，就成为以自主创新实力为基础的知识产权特别是专利的竞争，因此，专利预警的情报提取和风险预警作用可以在区域产业发展规划中大有作为。专利预警在摸清区域产业现状的基础上，可以从一个侧面揭示特定区域应当发展什么产业、淘汰什么产业、优先发展什么产业、重点发展什么产业、突出哪些环节、补足哪些环节等一系列产业发展战略问题，并且可以提供企业、技术、人才等各类创新要素资源信息的分布情报，为产业布局规划提供辅助决策信息。

6.1.4 区域项目规划

当前，我国经济发展正处于重要转型期，为了克服市场的盲目性缺陷，各级政府都十分注重发挥政府部门在经济科技发展中的引导作用，经常通过一些示范项目的实施来促进和引导各种要素资源的合理配置，因此，就会经常性地主导一些区域重大项目的实施，这些项目往往会动用大量人力、物力和财力资源，对于区域产业、科技发展意义重大。这些示范项目如果未能保障其安全性，则一方面会导致巨额损失，另一方面也会对区域产业发展带来巨大负面效应，因此，必须通过前期科学规划，全面了解情况，认真排除风险，合理做好项目实施规划。一般来说，和国家层面类似，当前区域层面技术创新项目、企业引进项目、人才引进项目、技术引进项目、合资合作项目的实施中都可以借助专利预警为项目实施规划排除相关风险，提供决策依据。

本节重点强调了专利预警在区域各类规划中的作用和意义。除了辅助规划的作用之外，还有前面提到的保障区域产业发展安全、整合区域科技经济发展资源以及促进区域技术创新实力提高等作用，这里不再赘述。

6.2　区域专利预警主要类型

从目前区域层面开展的专利预警活动来看，根据预警角度的不同，区域专利预警主要包括：区域专利资源分布预警、区域产业集群构成研究、区域创新企业分布研究、区域重点技术发展研究、区域创新人才分布研究、区域重点项目专利预警、区域产业布局综合规划等。这些专利预警类型也具有明显的层次区分，其中区域专利资源分布预警、区域产业集群构成研究是宏观层次预警，关注区域专利布局的基本风险面，通过专利信息揭示区域产业专利分布态势，以及专利密集型产业的产业集群构成情况；区域重点企业分布研究、区域重点技术分布研究属于中观层面的区域专利预警，主要从政府管理和服务的角度，以专利分析为基础，揭示区域产业发展的企业链和技术链，为政府工作提供信息支撑；区域重点项目专利预警是微观层次预警，关注具体的经济科技活动所可能面临的专利风险；区域产业布局综合规划是上述类型的综合，主要通过全面预警，提出针对区域产业发展的综合布局规划建议。这几类区域层面的专利预警，和三种国家专利预警类型相似，也从点、线、面上形成了相对完备的区域专利预警类型体系。

6.2.1　区域专利资源分布预警

与国家层面相同，专利资源已经成为区域竞争力的重要表征。因此，从区域层面对专利资源分布态势进行预警具有十分重要的意义。区域专利资源分布态势预警包括两个不同角度：一是本区域专利资源分布态势预警，主要是在分析现状的基础上，关注内源性专利风险并获取相关决策情报；二是本区域在参与产业竞争中的定位预警，主要是了解本区域处于产业竞争中的位置，获取竞争情报，关注重点是外源性风险和合作发展的机遇。

区域专利资源分布态势预警主要通过对一定时期内，本区域创新主体专利申请数量、专利授权数量、技术领域分布、核心技术掌握情况、申请类型分布、申请人类型结构、主要申请来源子区域等情况的综合分析，从宏观面上了解本区域专利申请布局态势，发掘背后关于企业、技术、人才等创新资源分布的潜在信息，预警区域产业发展内在风险。

区域在参与产业竞争中的定位预警主要从通过将本区域与其他同类区域或包含本区域在内的更大区域进行专利资源分布对比分析，获取关于竞争定位的情报，了解包含专利风险在内的相关竞争风险，获取发展机遇情报。例如，可以了解其他同类产业区域的专利资源分布及布局态势，进而分析其创新资源的分布规律，做到知彼知己，防范发展风险，寻找区域互补机遇。

区域层面专利资源分布态势预警是一种宏观预警，不关注特定微观市场活动或市场主体的专利风险，也是通过大数据分析了解技术发展、产业发展的基本风险面，并根据对这类专利风险的了解，从区域战略层面掌握或盘活专利资源，提供特定时期专利资源的竞争态势情报，为区域科技发展、产业发展等相关战略决策提供情报依据。

6.2.2　区域产业集群构成研究

专利数据的动态变化，已经逐渐成为一个国家或地区产业发展的一面镜子。专利数据资源的分布构成情况，也可以作为研究区域产业集群构成状态及其潜在风险的重要情报依据。通过对区域专利数据的产业分布研究，既可以了解专利资源在不同产业门类的分布情况，也可以反向研究一个区域的产业或产业集群构成情况，主要包括两个层面：一是分析一个地区目前有哪些产业门类（前提是达到具有统计意义的专利申请数量），哪些产业是本区域的重点产业或专利密集型产业；二是就某一产业深入分析其产业链构成情况，研究本区域在产业链哪些环节具有比较优势、哪些环节的发展存在风险隐患等。

区域产业集群构成研究是从专利角度对区域产业构成进行梳理或印证的重要手段，对于一些以高新技术为代表的技术密集型、专利密集型产业园区尤其适用，是动态掌握园区产业布局变化及风险变化情况的重要研究切入点之一。目前，国内的一些大区域，例如，中原经济区、安徽省等大区域以及中关村产业园区等都已有通过专利资源的分布来研究区域产业结构或重点产业链构成情况的实践。

6.2.3 区域技术研发资源研究

区域层面专利预警也可以挖掘专利数据蕴含的技术信息，梳理区域技术及研发力量的分布变化情况。通过对区域某一时间节点上的专利申请所涉及技术领域的分析，可以了解区域技术构成及其研发团队、研发人员等研发力量的基本情况，这些情况是区域技术研发资源分布现状的重要指标。通过动态监控区域专利申请的技术分布情况，可以在连续的时间序列上观察区域技术发展的热点、重点以及研发产出效率等，为区域技术发展及研发力量的整合提供决策依据。例如，通过分析国内某产业园区的专利申请现状及历史数据，可以清晰地分辨其技术发展路线、当前技术研发热点以及主要研究型企事业单位和研究性人才情况，进一步对比分析这些资源与同类园区的资源情况，可以观察主流技术研发方向，把握核心技术研发趋势，发现该园区存在的研发结构性风险或研发方向的专利壁垒风险等问题。从实际情况来看，目前区域性的专利预警项目中都会涉及某些特定产业技术研发资源的分布态势研究，这些研究成果在区域技术研发布局及技术发展路线图的设计中已经发挥了积极的作用。

6.2.4 区域创新企业分布研究

区域专利数据中也蕴含着丰富的申请人信息，通过对申请人及其相关专利申请时间、国家/地区及技术领域的分析，可以了解这些申请人所从事的技术研发领域、市场竞争区域及其专利申请的活跃度等信息。这些信息的获取，有助于区域政府层面了解本地区的龙头企业、新兴企业等信息，特别是专利密集型的高新技术领域，这些信息更有助于从政府层面取得资助、扶持等工作切入点信息。另一层面，也可以通过了解本地区的企业情况，对比分析国内外其他区域的专利申请人情况，帮助政府部门了解本地区企业在产业链中所处的地位及其优劣势。也就是说，专利预警有助于了解区域企业分布全貌以及特定产业的企业链组成情况，为政府部门提供决策支持。

6.2.5 区域创新人才分布研究

专利数据中包括了大量的发明人信息，这些信息反映了创新人才相关信息，通过系统地提取和分析这些发明人信息，可以研究区域创新人才的数量、企业分布、技术领域分布、技术研发活跃度、技术研发水平等基本情况。以此为基础，一方面作为对本地创新人才培养或支持的依据，另一方面也可以发现区域创新人才的结构问题，例如某些技术领域人才的短缺等，从而为人才的培养、储备或引进提供决策依据。此外，还可以通过进一步分析其他区域的创新人才情况，为本区域人才的引进与合作提供基本情报，即解决从哪里引进人才或者与哪些区域、哪些单位合作培养人才的问题。图6-1示意了光通信领域全球一些高端创新人才的基本信息，包括其技术领域、单位和姓名等。从这个角度来看，专利数据可以成为发现和发掘技术人才的重要情报数据库。

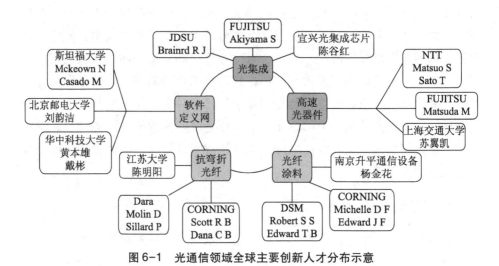

图6-1　光通信领域全球主要创新人才分布示意

6.2.6　区域重点项目专利预警

与国家层面的重大项目专利预警相似，区域重大项目专利预警是指从区域层面对攸关区域经济科技安全的重大科研、产业化、资产重组或技术进出口等项目进行专利预警，以规避风险，保障决策安全。目前，国内很多省市都已经出台相关文件，要求建立重大项目立项之前的专利预警制度。区域层面的重大项目专利预警也可以分为技术创新项目专利预警、企业引进项目专利预警、人才引进项目专利预警、技术引进项目专利预警、合资合作项目专利预警、企业并购项目专利预警、海外投资项目专利预警等，这些预警类型的目标和国家层面是相似的，这里不再赘述。

6.2.7 区域产业创新规划研究

区域产业创新规划专利研究是上述多种专利预警类型的综合运用。由于专利信息在反映技术、产业、市场和企业等方面及时、全面的特点，使得可以运用专利预警的风险预测和情报分析功能，在全面了解区域产业链、技术链及企业链的基础上，对比分析区域在全球、中国等不同层面所处的发展位置，明确区域产业发展的优势、劣势、机遇和风险，从而以创新资源集聚的视角为区域产业布局规划提供全面的参考信息。当然，从理论上说，区域产业布局规划专利预警需要对区域产业全貌进行分析研究，但一般情况下，限于研究资源投入或研究周期，以及专利数据在一些非专利密集型产业上的不敏感性，实际操作中还是会将预警的目标聚焦在区域的一个或多个主要产业上，即区域特定产业创新规划专利预警研究，从而兼顾区域产业发展的重点和专利预警研究的特点。

6.3 区域专利预警典型案例

6.3.1 区域专利资源分布研究案例❶

【案例导读】

本案例属于第 6.2.1 节所述的区域专利资源分布研究，具体是针对中原经济区专利资源分布情况的综合分析，基本目的是掌握中原经济区整体、不同经济带及不同产业的专利资源分布情况，核心目的是通过专利资源分布，了解产业创新发展的现状，并为区域产业未来发展政策规划提供决策数据支撑，主要应用的是专利预警的情报获取功能。在数据分析模型上，主要以专利数量统计为基本支撑指标，结合专家调研评价，构建综合数学模型，从不同角度反映区域专利资源的分布情况，其中尝试了专利数量与区域产值等产业指标的结合。限于篇幅，本案例只选取了研究中的一个片段进行简要介绍。

【数据分析】

2012 年 11 月，国务院正式批复《中原经济区规划（2012—2020）》（本节下称"规划"），规划要求按照"核心带动、轴带发展、节点提升、对接周边"的原则，加快形成中原地区"一核四轴两带"放射状、网络化发展格局。专利资源作为区域技术创新成果和发展资源的重要组成部分，对产业发

---

❶ 本案例部分资料来源于由国家知识产权局《中原经济区区域创新资源分布研究报告》。

展所起的促进和支撑作用日益明显，为了更好地贯彻落实该规划，本研究旨在以专利数据为切入点，分析了解区域产业布局及创新资源分布现状，为进一步优化资源配置提供决策参考。

为了全面分析中原经济区整体及各子区域、各产业的专利情况，在数据建模中，采用分层分块的方法，对中原经济区整体专利资源、各子区域（城市）专利资源以及各主要产业专利资源的分布情况进行了全面分析，针对不同的层块，构建不同分析指标体系，最后进行综合对比分析，如图6-2所示。

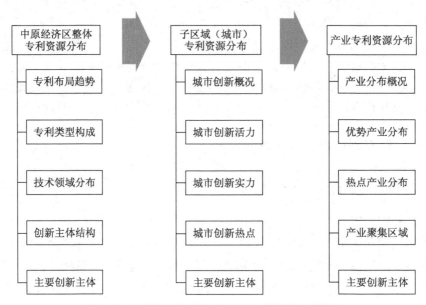

图6-2 区域专利资源分布研究专利预警信息模型

根据上述模型，以产业专利资源分布为例，产业分类按照国民经济产业分类，选取了与专利布局关系紧密的第一和第二产业作为分析对象，共涉及50个产业。首先，通过数据检索得到中原经济区各个城市在50个子产业上的产业专利分布概况；其次，对各个产业的专利数量进行归一化处理，然后根据优势和热点产业模型计算得分，得到各个城市的优势及热点产业排名；最后，根据"一核四轴两带"对城市进行聚集分析，筛选各个城市聚集区的专利资源分布优势和专利资源集聚热点产业，并对各产业的主要创新主体进行简要分析。

优势产业和热点产业的评估模型如图6-3所示。其中，热点产业模型除了考虑专利总申请量之外，还通过发明申请量、有效发明数量、人均有效发明数量以及单位产值对应的有效发明数量等指标的引入，从不同的角度反映专利在某一产业上的分布情况，进而评价产业发展的优势。热点产业评估模型中考虑了专利申请总量及其增长率，还单独考虑了发明专利申请总量及其增长率，从不同的角度反映了专利在某一产业上的集聚趋势，以综合评价热点产业。

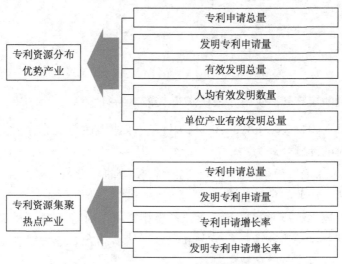

图6-3 优势产业和热点产业评估指标模型

在产业分析模型确定后，为了客观地确定模型中各个因素的权重，分析过程中引入层次分析法，分析流程如图6-4所示。

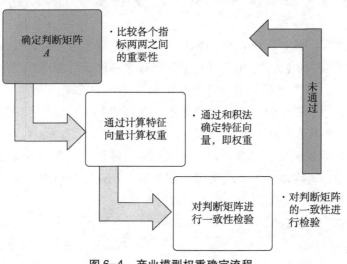

图6-4 产业模型权重确定流程

优势产业权重的确定：将优势产业分析模型涉及的 5 个指标：专利申请总量、发明专利申请量、有效发明数量、人均有效发明量及单位产值对应的有效发明量分别用 $A_1 \sim A_5$ 表示，通过多个专家打分讨论后确定判断矩阵如下：

$$A = \begin{pmatrix} 1 & 1 & 1/2 & 2 & 2 \\ 1 & 1 & 1/2 & 2 & 2 \\ 2 & 2 & 1 & 3 & 3 \\ 1/2 & 1/2 & 1/3 & 1 & 1 \\ 1/2 & 1/2 & 1/3 & 1 & 1 \end{pmatrix}$$

针对判断矩阵 A，使用方根法求得其最大特征值 $\lambda_{max} = 5.013$，对应的特征向量为 $\overline{W} = \{0.21, 0.21, 0.36, 0.11, 0.11\}$。即使用优势产业分析模型为产业进行评分时的计算公式为：$M_i = 0.21 \times A_1 + 0.21 \times A_2 + 0.36 \times A_3 + 0.11 \times A_4 + 0.11 \times A_5$，其中 M_i 代表第 i 个产业使用优势产业分析模型的评分值。采用类似的方法，可以确定热点产业的计算公式。

根据上述优势产业和热点产业评价模型，可以对各个城市及"一核四轴两带"的优势和热点产业进行评分和筛选；然后结合产业发展规划对产业专利资源分布状况进行整体分析。

【分析结论】

从产业分析总体情况来看，中原经济区专利资源分布与产业发展现状匹配度较高，专用和通用设备制造业是中原经济区专利资源相对密集和发展速度较快的产业；"一核四轴两带"的区域产业专利分布虽各具特点，但区分度不高。

具体而言，对中原经济区整体及"一核四轴两带"发展区涉及的国民经济第一、第二产业包含的 50 个子产业进行排名和筛选，如图 6-5 所示，区域优势产业和热点产业都集中在各类专用及通用设备的制造业（34、35）上，这为规划实施中装备制造业的发展奠定了良好的基础；此外，中原经济区需要大力发展的汽车产业（36）、电子信息产业（39）、化学工业（26）、有色工业（32）以及轻工业（21）也已经成为中原经济区及各个发展带上的优势及热点产业，这些产业的专利资源基础较好，创新发展后劲比较充足，有利于形成产业发展与专利保护协调发展的局面。

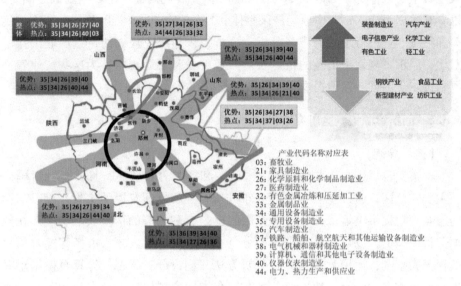

图6-5　中原经济区优势和热点产业分布

值得注意的是，对于规划中指出要大力发展的钢铁产业（31）、食品工业（13、14）、新型建材产业（47、48）以及纺织工业（17），其在上述优势和热点产业排名相对比较靠后，专利资源基础较为薄弱，因此，在规划实施过程中，需要提高对上述产业的关注度，加强技术创新、加快专利布局。

从专利资源空间分布来看，中原经济区"一核四轴两带"各子区域产业专利资源布局特点相似度比较高，其排名前五的优势和热点产业重合度比较高，也大多集中在通用和专用设备制造业（34、35）上。一方面是因为上述两个设备制造业覆盖了大部分设备制造业的范畴，而中原经济区主要城市在装备制造相关领域都具有一定的产业优势；另一方面则是因为"一核四轴两带"的区域构成都围绕郑州建立，其中的核心发展区和"米"字发展轴都包含郑州在内，而郑州市的专利申请占到了整个中原经济区的近1/4，其产业专利资源分布对相关区域的整体分布情况起到了主导作用，从而导致各区域的专利资源产业布局差异化较小。

【情报应用】

通过该项目的实施，政府层面所获取的是关于中原经济区产业创新发展中的专利综合情报，核心在于通过专利资源分布了解了与技术创新关联密切的产业分布及其发展情况。从具体情报来说，项目实施理清了中原经济区专利资源的整体分布、各个城市及"一核四轴两带"的专利数量、技术领域以及主要申请人情况，为区域专利资源的总体发展规划提供了数据基础。同时，以专利数据为切入，对中原经济区整体、"一核四轴两带"以及各个城市的优势和热点产业进行了战略排名分析；分析结果与产业规划的重点产业进行了对比，展示了规划中提及的重点发展产业的专利资源现状，为这些产业发展寻求进一步的创新发展提供了决策数据支撑。

6.3.2　创新资源集聚区研究案例

【案例导读】

本案例也属于6.2.1节所述的区域专利资源分布研究，具体是针对国内各主要省市区，通过专利资源的分布分析，了解创新资源的集聚程度，从而为宏观规划提供决策依据，主要应用的也是专利预警的情报获取功能。在数据分析模型上，以对专利数据所蕴藏的企业、技术、人才、市场等综合信息的挖掘为基础，运用大数据关联分析方法，创设分析指标、计算数值结果并进行区域排名。作为一种探索，本案例在指标模型构建上尚有较大不完善之处，此处仅作为参考示例，其结论不代表任何机构及作者的观点。

【数据分析】

创新资源覆盖创新投入、创新产出、创新价值实现整个链条。创新投入资源包括技术、人才、企业、资金、设备等各种资源，创新成果包括技术、产品、知识产权等，创新成果运用包括技术产业化、专利运用和流转等。通过对海量专利数据的分析，可以揭示包括企业、人才、技术等创新投入资源的分布，可以定量和定性地分析创新成果产出的数量和质量，也可以估算创新成果运用的价值。

基于以上思路，从覆盖创新链条的创新投入、创新产出、创新价值实现3个方面以9项指标对区域创新资源聚集程度进行评价，如表6-1所示，包括：重点创新主体聚集区、创新人才聚集区、创新成果产出聚集区、创新效率高效区、创新水平先进区、创新成果价值实现活跃区、国际创新竞争力领先区、重点产业创新发展竞争力优势区以及产业发展创新支撑匹配区等，从9个不同维度选择出创新链不同环节上资源高度聚集的区域，最后再综合选择出创新资源高度聚集的优势区域。

表6-1　基于创新链各环节反映创新资源区域聚集程度的专利信息模型

创新链各个环节	创新资源聚集区分析维度	相应专利指标	指标释义
创新投入	重点创新主体聚集区	拥有百件以上有效发明专利创新主体情况（企业、高校/科研院所）	通过统计各区域分别拥有的重点创新主体数量，体现各区域重点创新主体聚集程度
	创新人才聚集区	专利申请的发明人总量	通过统计各区域分别拥有的专利发明人数量，体现各区域创新人才分布聚集程度
创新产出	创新成果产出聚集区	有效发明专利拥有量	通过统计各区域有效发明专利数量，反映区域的创新成果聚集程度
	创新效率高效区	每千万元 R&D 经费产出发明专利申请数量	通过统计各区域每千万元研发经费投入对应的发明专利产出数量，反映各区域的创新效率
	创新水平先进区	专利质量的量化分析	通过统计各区域内个体专利权利要求数量、独立权利要求技术特征数量以及专利文献被引证次数等专利质量指标，反映各区域的创新水平先进性
创新价值实现	创新成果价值实现活跃区	质押融资、许可以及转让数量及金额	通过统计各区域近年来专利质押融资、许可以及转让状况，反映区域的创新成果价值实现的活跃程度
	国际创新竞争力领先区	海外专利申请的数量	通过各区域海外专利布局数量，反映区域参与国际产业技术竞争的程度和竞争实力
	重点产业创新发展竞争力优势区	七大战略性新兴产业的发明专利申请数量	通过各区域战略性新兴产业的专利数量，反映区域重点产业创新发展的竞争力
	产业发展创新支撑匹配区	产业专利与产业主营业务收入的匹配度	通过抽样选择专利密集型产业，分析各区域该产业的有效专利数量与产业主营业务收入的匹配程度

（1）重点创新主体聚集区。

重点创新主体聚集区指标是通过统计各区域分别拥有的重点创新主体数量，体现各区域重点创新主体聚集程度，此处选择以拥有超过 100 件有效发明专利数量为临界点。如表 6-2 所示，北京是创新主体（包括企业/高校/科研院所）最为集聚的区域，其次是广东、江苏、上海、山东、浙江、陕西、湖北、四川、辽宁等。

表 6-2　重点创新主体聚集区

排名	区　域	数　量（个）
1	北京	97
2	广东	76
3	江苏	62
4	上海	54
5	山东	32
6	浙江	25
7	陕西	24
8	湖北	21
9	四川	20
10	辽宁	17

（2）创新人才聚集区。

创新人才聚集区指标是通过统计各区域分别拥有的专利发明人数量，体现各区域创新人才分布聚集程度。如表 6-3 所示，发明人数量排名靠前的创新人才聚集区域中，北京的发明人数量接近 30 万，是全国创新人才最为聚集的区域，其次是广东、江苏、山东、浙江、上海、河南、湖北、辽宁、四川等。

表 6-3　创新人才聚集区

排名	区　域	发明人数量（人）
1	北京	289610
2	广东	280801
3	江苏	268645
4	山东	250751
5	浙江	204267
6	上海	203603

排名	区　域	发明人数量（人）
7	河南	120830
8	湖北	117968
9	辽宁	114695
10	四川	94757

（3）创新成果产出聚集区。

创新成果产出聚集区指标是通过统计各区域有效发明专利数量，反映区域创新成果聚集程度。表6-4示出有效发明专利数量排名靠前的区域，其中，广东的有效发明专利数量最多，是全国创新成果产出最为聚集的区域，其次是北京、江苏、上海、浙江、山东、四川、湖北、辽宁、陕西等。

表6-4　创新成果产出聚集区

排名	区　域	有效发明专利数量（件）
1	广东	112190
2	北京	103357
3	江苏	73100
4	上海	56363
5	浙江	52015
6	山东	35311
7	四川	20971
8	湖北	18681
9	辽宁	18656
10	陕西	17825

（4）创新效率高效区。

创新效率高效区指标是通过统计各区域每千万元研发经费投入对应的发明专利产出数量，反映各区域的创新效率。此处选取各区域2010～2013年的研发经费以及2011～2014年发明专利数量（考虑到专利产出的滞后性），概略计算每单位研发经费对应的发明专利产出数量。如表6-5所示，北京以每千万元研发经费产出25.2件发明专利名列高效区域榜首，其次是广西、安徽、四川、陕西、云南、贵州、江苏、上海、甘肃等。

表 6-5　创新效率高效区

排名	区域	2010~2013 年 R&D 经费（千万元）	2011~2014 年发明专利数量（件）	创新效率（件/千万元）
1	北京	6814.0	171371	25.2
2	广西	2465.0	27804	11.3
3	安徽	7235.6	80159	11.1
4	四川	4965.6	52790	10.6
5	陕西	4271.2	43312	10.1
6	云南	1318.7	11553	8.8
7	贵州	1150.6	9881	8.6
8	江苏	37711.3	313886	8.3
9	上海	13578.0	102237	7.5
10	甘肃	1205.1	8476	7.0

（5）创新水平先进区。

区域的创新水平指标是通过统计各区域内个体专利权利要求数量（专利度）、独立权利要求技术特征数量（特征度）以及专利文献被引证次数（被引用度）等专利质量指标，反映各区域的创新水平先进性。数据分析时，首先对各区域的三种数值指标进行归一化处理，然后按照相同的权重进行加权，加权后的数值用于反映各区域的创新水平先进性。如表 6-6 所示，广东、北京、上海是全国范围内创新水平较为先进的区域。

表 6-6　创新水平先进区

排名	区域	专利度	特征度	被引用度	专利度（归一化）	特征度（归一化）	被引用度（归一化）	创新水平
1	广东	9.73	17.80	1.21	1.00	1.00	0.71	2.71
2	北京	8.90	22.93	1.33	0.91	0.71	0.78	2.41
3	上海	7.84	21.76	1.15	0.81	0.78	0.68	2.26
4	四川	6.81	23.71	1.30	0.70	0.67	0.76	2.13
5	辽宁	5.41	26.11	1.70	0.56	0.53	1.00	2.09
6	湖北	5.86	25.65	1.50	0.60	0.56	0.88	2.04
7	浙江	6.84	23.85	1.00	0.70	0.66	0.59	1.95

排名	区域	专利度	特征度	被引用度	专利度（归一化）	特征度（归一化）	被引用度（归一化）	创新水平
8	山东	6.00	22.46	0.90	0.62	0.74	0.53	1.88
9	江苏	6.40	24.10	0.90	0.66	0.65	0.53	1.83
10	安徽	5.42	24.67	0.80	0.56	0.61	0.47	1.64

（6）创新成果价值实现活跃区。

创新成果价值实现活跃区指标是通过统计各区域近年来专利质押融资、许可以及转让状况，反映区域的创新成果价值实现的活跃程度。此处选择各区域2011~2013年的专利质押融资、许可以及转让状况来抽样反映区域的创新成果价值实现的活跃程度❶。数据分析时，仍按照归一化处理并加权的方式评价各区域创新成果价值实现活跃程度。如表6-7所示，广东、北京、浙江、江苏和黑龙江是全国范围内创新成果价值实现较为活跃的区域。具体而言，北京的专利质押最为活跃，黑龙江省的专利许可合同备案数最多，广东则是全国范围内专利转让最为活跃的地区。

表6-7　创新成果价值实现活跃区

排名	区域	专利质押（2011~2013）	专利许可（2011~2013）	专利转让（2011~2013）	专利质押（2011~2013）（归一化）	专利许可（2011~2013）（归一化）	专利转让（2011~2013）（归一化）	价值实现活跃度
1	广东	244	3685	33077	0.51	0.93	1.00	2.43
2	北京	482.25	1741	18669	1.00	0.44	0.56	2.00
3	浙江	258	2785	23790	0.53	0.70	0.72	1.95
4	江苏	210	3267	21803	0.44	0.82	0.66	1.92
5	黑龙江	87	3980	1885	0.18	1.00	0.06	1.24
6	上海	191.50	1019	14361	0.40	0.26	0.43	1.09
7	山东	110	1356	12817	0.23	0.34	0.39	0.96
8	湖北	182	668	5110	0.38	0.17	0.15	0.70

---

❶ 由于一些专利运用活动实行自愿备案制度，因此，此处体现的数据并不全面，也可能导致结论的偏差。

续表

排名	区域	专利质押（2011~2013）	专利许可（2011~2013）	专利转让（2011~2013）	专利质押（2011~2013）（归一化）	专利许可（2011~2013）（归一化）	专利转让（2011~2013）（归一化）	价值实现活跃度
9	天津	216.50	548	3429	0.45	0.14	0.10	0.69
10	四川	125	766	5980	0.26	0.19	0.18	0.63

（7）国际创新竞争力领先区。

国际创新竞争力领先区指标是通过各区域海外专利布局数量，反映区域参与国际产业技术竞争的程度和竞争实力。此处选择各区域2004~2014年海外专利申请数量来表征。如表6-8所示，广东、北京、江苏、上海和浙江是全国范围内国际创新竞争力较强的区域。

表6-8 创新成果价值实现活跃区

排名	区 域	海外申请数量（件）
1	广东	36605
2	北京	9682
3	江苏	6482
4	上海	4968
5	浙江	2087
6	福建	1074
7	湖北	942
8	四川	870
9	山东	750
10	天津	501

（8）重点产业创新发展竞争力优势区。

重点产业创新发展竞争力优势区指标是通过各区域战略性新兴产业的专利数量，反映区域重点产业创新发展的竞争力。此处以各区域2012~2013年在七大战略性新兴产业上的发明专利申请数量来评价区域的重点产业创新发展竞争力。数据分析时，仍按照归一化处理后加权的方式获得具体数值竞争力指标。如表6-9所示，江苏、北京、广东、上海和山东是全国范围内战略性新兴产业创新发展竞争力较强的区域。

表6-9 重点产业创新发展竞争力优势区

排名	区域	节能环保产业（申请量）	新一代信息技术产业（申请量）	生物产业（申请量）	高端装备制造产业（申请量）	新能源产业（申请量）	新材料产业（申请量）	新能源汽车（申请量）	节能环保产业（归一化）	新一代信息技术产业（归一化）	生物产业（归一化）	高端装备制造产业（归一化）	新能源产业（归一化）	新材料产业（归一化）	新能源汽车（归一化）	产业创新发展竞争力
1	江苏	15786	9975	14326	3886	4880	9037	714	1.00	0.48	1.00	1.00	1.00	1.00	1.00	6.48
2	北京	8135	16562	8311	3248	3514	4831	527	0.52	0.80	0.58	0.84	0.72	0.53	0.74	4.72
3	广东	7589	20689	6994	2043	2351	4691	516	0.48	1.00	0.49	0.53	0.48	0.52	0.72	4.22
4	上海	5031	7804	6118	1788	2062	3985	394	0.32	0.38	0.43	0.46	0.42	0.44	0.55	3.00
5	山东	5955	2372	11962	981	1321	2984	250	0.38	0.11	0.83	0.25	0.27	0.33	0.35	2.53
6	浙江	5438	3287	5283	1338	1711	3268	370	0.34	0.16	0.37	0.34	0.35	0.36	0.52	2.45
7	安徽	3262	1120	4035	433	790	2685	335	0.21	0.05	0.28	0.11	0.16	0.30	0.47	1.58
8	辽宁	3219	1171	2526	920	838	1479	104	0.20	0.06	0.18	0.24	0.17	0.16	0.15	1.15
9	四川	2763	2264	3042	744	730	1259	117	0.18	0.11	0.21	0.19	0.15	0.14	0.16	1.14
10	天津	2114	1433	3197	618	571	1291	155	0.13	0.07	0.22	0.16	0.12	0.14	0.22	1.06

（9）产业发展创新支撑匹配区。

产业发展创新支撑匹配区指标是通过抽样选择专利密集型产业，分析各区域该产业的有效专利数量与产业主营业务收入的匹配程度。一般来说，专利密集型产业的专利产出应当与产业发展规模相适应，两者的匹配程度可用于考量该产业的创新支撑能力。此处以国民经济产业中具有一定代表性的、专利密集型产业——信息产业为入口，分析各区域该产业有效专利数量与产业主营业务收入的匹配程度，通过偏离度来表征各区域专利与产业的匹配程度，其中偏离度＝（区域有效专利全国占比-区域主营业务收入全国占比）/区域主营业务收入全国占比。如表 6-10 所示，广东、辽宁、安徽、上海和四川是全国范围内信息产业专利与产业发展匹配度较高的区域，广东的匹配度最高，其有效专利全国占比为 30.5%，与其主营业务收入全国占比 31.65% 相当。

表 6-10　产业发展创新支撑匹配区

排名	区域	有效专利数量（件）	2012 年主营业务收入（亿元）	有效专利占比	2012 年主营业务收入占比	偏离度
1	广东	8126	22305.5057	30.50%	31.65%	3.63%
2	辽宁	391	957.65	1.47%	1.36%	8.01%
3	安徽	261	775.08	0.98%	1.10%	10.92%
4	上海	2467	5842.41	9.26%	8.29%	11.70%
5	四川	868	2708.9	3.26%	3.84%	15.24%
6	河北	152	335.8	0.57%	0.48%	19.74%
7	湖南	299	1011.02	1.12%	1.43%	21.77%
8	山东	966	3963.9849	3.63%	5.62%	35.53%
9	山西	90	440.9141	0.34%	0.63%	46.00%
10	内蒙古	17	84.0912	0.06%	0.12%	46.52%

【分析结论】

基于以上 9 个分项指标对各区域的评价，进一步根据分项指标排名次序对各区域进行综合评价，由此产生基于专利视角的创新资源高度聚集区域列表，如表 6-11 所示。通过专利视角选择的全国范围内的创新资源高度聚集区大致可分为 3 个梯队，第一梯队包括 4 个省市，分别为广东、北京、上海和江苏；第二梯队包括 8 个省市，分别为浙江、山东、四川、辽宁、湖北、安徽；其余省市为第三梯队。

表 6-11 基于专利视角的创新资源高度聚集区

排名	区　域	评　分
1	广东	76
2	北京	75
3	上海	55
4	江苏	54
5	浙江	40
6	山东	36
7	四川	33
8	辽宁	24
9	湖北	21
10	安徽	20

【情报应用】

通过该项目的实施，政府有关部门可以从宏观全局的角度了解到以专利为突出代表的国内创新资源的分布及其聚集程度现状，也可以了解特定区域创新发展的资源集聚程度相对位置，从而为区域创新规划政策的制定提供基础数据支撑。

6.3.3　区域选商招商规划研究案例

【案例导读】

本案例也属于 6.2.7 节所述的区域产业创新规划研究，具体是针对国内某省正在建设的高新技术园区提供招商引资产业规划数据支撑，主要应用的也是专利预警的情报获取和风险预警功能。在数据分析模型上，主要是以专利数据为出发点，结合产业分析方法，了解产业技术链构成，分析技术链背后的企业链（专利申请人），并通过技术优劣势分析，为企业链进行聚类排名，从而为针对性的分类招商提供规划决策参考，特别地，对于特定招商目标，还可以进行针对性的专利风险分析。限于篇幅，本案例只选取实际研究中的一个片段进行方法抽象并简要介绍。

【数据分析】

由于世界范围内产业技术发展和资源禀赋的不平衡性，产业转移已经成为世界产业发展中的常态现象，近年来，随着我国产业结构的优化升级，我国中西部地区在承接东南沿海地区产业转移中发挥着越来越重要的作用。但是，产业转移不是一个产业从一个地方向另一个地方的简单迁移或复制，更不是落后产能从一个区域向另一个区域的直接淘汰，而应当是以产业结构优化升级为目标的双向互选、合作互惠的产业竞争力提升过程，因此，在企业、技术和人才的转移承接中就必须引入必要的遴选机制，借此来规避其中的风险。

为了促进区域经济技术的快速发展，经过前期充分论证规划，我国西部某高新技术开发区计划在园区投资建设云计算产业孵化园，由于该区域信息产业整体基础较为薄弱，因此，选商招商就成为快速打造云计算产业园的战略选择。但是，在云计算产业上，有哪些产业技术环节，有哪些优势企业，这些优势企业的各自技术特点如何，一些正在进行引进或合作谈判的企业是否会带来相关知识产权特别是专利风险，这些信息的获取或风险的评估，专利预警就是最直接有效的手段。

为了全面获取该高新区发展云计算产业所需要的国内外招商目标企业信息，从专利情报信息获取的角度，需要解决三方面的问题：一是理清云计算的产业技术链条；二是明晰云计算各技术上的优势企业；三是对优势企业进行引进风险排查。

通过对产业技术的全面调研，结合专利数据分析，将云计算产业总体上分为虚拟化技术、应用技术、资源管理技术、服务与镜像技术、基础设施管理技术以及安全技术等 6 大环节、21 个技术方向和若干个技术点，从而全面理清了云计算的产业技术链条，如图 6-6 所示。

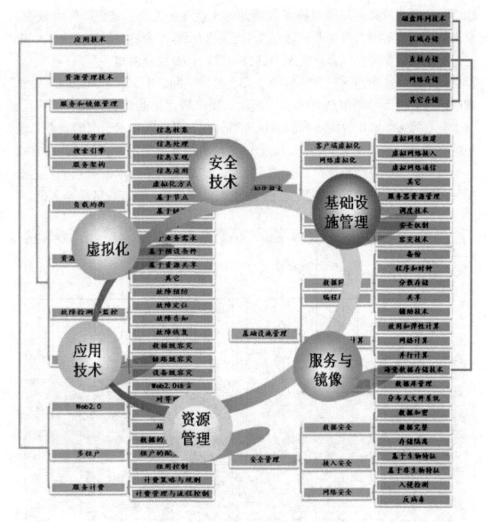

图 6-6　云计算产业技术分类体系

　　根据上述产业技术分类体系，可以分门别类地对专利数据进行专题检索，对检索目标数据有针对性提取，可以获得不同技术类别的企业，结合对数据的人工标引、修正，最终可以获得全球范围内的云计算产业相关企业在不同技术门类上的分布情报。

　　【分析结论】

　　根据云计算产业技术国内外企业的专利技术分布特点，结合园区分步骤、有重点的选商招商战略，提出以下企业引进原则：优先引进产业技术链比较长的，具有较强上下游拉动作用的龙头企业；着力引进在特定产业技术上比较强的，能够带动某一特定技术发展的骨干企业；加快引进创新实力较强、发展势头迅猛的潜力型企业；选择性引进一些配套型企业；短期内无法引进的目标企业应积极寻求合作或跟踪其技术发展；要注意防止一些高耗能、高污染的落后产能向园区转移，为产业发展预留空间。根据以上原则，分类整理园区选商招商参考信息如图 6-7 所示，图中根据企业专利的数量、质量、技术分布等多维度指数提出推荐园区进行合作、引进或技术跟踪的企业名录矩阵（此处只示出部分），并以数值 1~5 给出推荐优先次序。例如，在容灾备份技术上，第一推荐合作、引进或技术跟踪的企业是技术链条几乎贯通全链的 IBM 公司，顺次还包括日立、日本电气、富士通、惠普、思科等企业。

产业链	硬件						软件、集成服务及运营环节																				
技术方向	芯片	显示面板及触控面板		服务器	终端设备		虚拟化				基础设施管理				安全管理			服务和镜像管理			资源管理				应用技术		
企业		显示面板	触控面板		智能手机	笔记本	客户端虚拟化	网络虚拟化	服务器虚拟化	存储虚拟化	数据同步	编程技术	分布式资源计算	存储管理	数据安全	接入安全	网络安全	镜像管理	搜索引擎	服务架构	负载均衡	资源调度和配置	故障检测和监控	容灾备份	WEB2.0	多租户技术	服务计费
微软公司							1		2	5	2	4	2	5	1	1	1	4	1	2	4	2			2		2
IBM				1			2		1	2	1	2	1	1	1	1	1	1		1	1	1	2	1	1	2	1
日立								5	2	1				1			4	4		4	4			2		5	5
日本电气						4	2						5	2		4	2	5	5	4			1				5
富士通				2		4	5		5	4	4		4			4				5	5			4		5	5
惠普				2		1			4		5		4		2	5	4				4	4		4			
思科								1					5				5			5				4			
NTT都科摩							2	2			5			4		4			5	5			4		4	4	
三星电子	1	1			1		4			5	5									5					4		
东芝	1						5			5	4							5					4	4			
华为					5			2					5	5	2	2	4				2	2	2	2			1
中兴					5											5											2

图 6-7　云计算产业技术可供合作、引进或跟踪的企业名录矩阵（部分）

上述企业名录矩阵只是从宏观信息的角度提供了可供合作、引进或跟踪的企业名录，在实际的招商与合作中，一方面要考虑可行性问题，比如，对方的合作意愿与条件等，但这不是本书要讨论的问题；另一方面还要考虑其中可能隐藏的风险，比如，目标企业的技术先进性、专利有效性、权利稳定性等，对于这类风险，需要就个案进行深入的专题评估。

【情报应用】

通过上述专利数据情报的提供，可以为该高新区云计算产业园的选商招商提供决策数据，帮助绘制全球范围的"招商地图"。园区按照该数据情报提供的目标招商，将在很大程度上降低招商与合作对象选择方面的盲目性，提高产业发展目标和招商目标的适配度，防止企业在产业链特定环节的不合理集聚，或某些环节的"断链"，防止非技术密集型企业的简单聚汇而无法发挥产业集群效应，以不断优化产业结构；在具体的招商活动中，通过定向具体分析，还降低招商过程中的专利风险。

6.4 区域专利预警发展思考

随着知识产权工作的深入推进，近年来，区域专利预警工作的开展快速经历了理念宣传、起步和发展等阶段，目前，全国主要区域、产业园区都充分认识到了专利预警工作的重要意义，并结合区域或园区实际，从不同角度、不同层面开展各种类型的专利预警研究工作。为了进一步发挥区域专利预警的重要作用，有必要审视当前区域专利预警工作中存在的主要问题，并有针对性地予以解决。

6.4.1 区域专利预警的主要问题

区域专利预警工作存在的主要问题有以下几个方面：

（1）思想认识的误区。当前对区域专利预警工作作用的认识存在两种极端化的误区，一种是认为区域专利预警工作没有作用，认为区域层面的专利预警相对宏观，无法起到针对性的指导作用，特别是一些专利数量较少的区域，更是认为开展这类工作没有实际意义，以至于在工作推进中招来抵触；另一种是认为区域专利预警工作能够提供十分强大的信息支撑，从而过分强调区域专利预警工作在区域专利工作乃至区域产业技术发展中的作用。事实上，区域专利预警工作主要是从宏观层面了解与本地区产业技术发展密切相关的专利情报、技术情报等竞争情报信息，无论本地区专利数量的多寡，都将有助于区域产业、企业规避发展风险、寻找发展机遇；但是，区域专利预警提供的信息需要和区域产业技术发展紧密结合才能发挥应有作用，并且这种作用主要是决策辅助，过于强调甚至夸大其作用也是不客观的。

（2）机制建设的缺失。目前，各省、市、自治区一般都依托本区域的专利信息中心或服务中心开展区域专利预警工作，这大大增强了区域专利预警服务的投射能力，但是，由于数据资源、人员素质、经费支持参差不齐，导致全国范围内的区域专利预警工作开展难以对区域经济技术发展提供强有力的支撑。这充分地表现在一些方面，例如，区域专利预警工作的开展浮在面上，一些预警成果仅仅是专利数据的简单统计分析。虽然区域专利预警本质上属于宏观专利预警，但这种专利预警也应当在宏观数据中进行针对性的分析，挖掘宏观数据背后的数据关联性，捕捉其揭示的产业风险和机遇，只有这样，才能提高成果的针对性和采信度；另外，区域专利预警工作的开展往往是一次性而非持续性的，由于未形成合力，经常受制于经费、人力等因素的限制，使得区域专利预警往往针对某一产业做一次性的分析之后很长时间就难以继续兼顾该产业的专利预警，而是转向其他产业的预警研究，专利预警工作本身要求其开展应当具有同一产业的时间连续性，在某一断点的预警研究并不能揭示专利风险的变化全貌，因而具有相当的局限性，也难以提供翔实的风险监测和布局规划支撑数据。

（3）区域联动的不足。随着专利预警工作日益得到重视，目前，不同区域都在针对本区域特色产业开展专利预警工作。从全国范围来看，不同层面针对相同的产业技术开展专利预警的工作实践越来越多，虽然不同区域开展相同产业的专利预警工作有各自的针对性，但共性部分的预警成果交流与共享十分有限。这一方面造成了工作资源的浪费，另一方面也存在未经充分论证的、针对相同产业的专利预警成果发布结论不一致，导致产业界无所适从的信息混乱，降低了专利预警工作的社会公信力。随着区域专利预警持续深入推进，各区域实现工作层面及成果共享方面的联动将是区域专利预警良性发展的必然选择。

以上简要分析了区域专利预警工作存在的几点问题，对于一项处于快速发展中的探索性工作，区域专利预警工作既需要得到国家层面的指导和帮助，在工作标准和机制方面不断完善，加大区域之间的协调和信息共享力度；也需要区域各级政府部门及社会创新主体的支持，使得这项工作有机会在区域经济建设中发挥作用，并在良性互动的共同探索中取得更大的发展成绩。

6.4.2 区域专利预警的发展建议

区域专利预警运行中出现的上述问题，究其原因，主要包括三个方面，即对于专利预警作用的认识不到位、专利预警工作制度不健全、专利预警运行机制不完善。事实上，区域专利预警在国家整体的专利预警系统中发挥着承上启下的信息枢纽作用，因此，未来必须在国家专利预警系统的宏观指引下，积极引导和不断强化不同层级的区域专利预警，以充分发挥专利预警在区域经济社会发展中的作用。

（1）全面科学地传播区域专利预警理念、普及专利预警方法、培养专利预警人才。要通过科学准确的宣传，在各级政府部门，特别是经济、科技等宏观管理部门进行专利预警工作理念的普及，将其作为一种有利于工作开展的方法、工具而非一种约束性门槛，由这些部门率先接受、自愿推广开来；要结合区域专利预警工作的开展，积极推广专利预警研究方法、工作标准，同时，培养一批能够支撑区域专利预警工作开展的中高端专利预警人才，为该项工作的持续开展提供智力支撑。

（2）逐步建立健全区域专利预警体系，规范预警流程，提高预警质量。要在区域专利预警工作实践的基础上，探索建立符合区域实际的专利预警工作体系，在数据来源、人力配备、经费支持等方面给予充分保障，以设立专门机构或社会化运作等多种方式，不断优化工作模式，提升工作质量，使得区域专利预警工作能够更好地服务于区域产业技术创新发展。

（3）探索区域专利预警与国家专利预警、行业专利预警及企业专利预警中的信息互联互通、协作运行机制。一方面，国家、大区域要协调域内子区域之间专利预警工作的联动，通过推动建立沟通机制等方式促进信息共享和工作协同；另一方面，区域之间也要主动寻求信息互通，以此减少重复工作，提高资源利用效率，实现专利预警工作网络化联动，开创合作与共享中的区域专利预警共赢局面。

区域专利预警工作在全国性的专利预警机制建立与发展过程中具有举足轻重的作用，是专利预警机制能否全面发挥产业技术发展促进作用的关键环节。在专利预警机制自上而下推进建设的过程中，扎实务实地做好从省、市到县等不同层面的区域专利预警工作，是专利预警工作在面上铺开，向纵深推进，全面服务区域经济科技发展的必由之路。

第七章　行业专利预警

　　国家专利预警和区域专利预警均着眼于一定范围的全面专利预警信息的获取，可以视为面状和块状专利预警。行业专利预警以特定的行业为专利预警目标，属于一种线条状专利预警。关于行业专利预警，本书将其范围界定为各级各类社会行业组织（也可以扩展到政府的行业主管部门）、企业联合（联盟）组织依职责进行或依需求委托进行的专利预警工作。

7.1　行业专利预警的资源整合作用

　　行业专利预警是行业风险预警机制的重要组成部分。据统计，目前我国各地由企业自发组织的行业组织有 3000 多个，它们主要集中在非公有制企业和其他中小企业，而由政府部门组建的全国性行业组织共有 300 多个。这些行业组织基本上覆盖了我国国民经济的各行各业，具有巨大的覆盖面，因此，充分发挥行业组织在行业风险预警方面的职责作用，有利于在整合行业资源的基础上促进行业资源协同运用，保障行业安全，促进技术创新。本节主要讨论行业专利预警在促进行业资源整合方面的作用。当然，在市场经济背景下，行业主管部门或行业组织并不能直接干预市场竞争主体之间的微观资源整合行为，但专利预警提供的这些信息，可以由行业主管部门或行业组织提供给企业，从而引导各种资源的有效整合。

7.1.1　行业专利资源整合

　　从行业组织层面来看，各成员在一定范围内形成一个利益共同体，特别是在行业组织成员共同面对外部威胁之时，这种共同体就必须要发挥行业组织在资源整合方面的作用。对于专利预警而言，这种资源整合作用最直接地就表现在专利资源的整合方面。通过专利预警，可以了解本行业（组织）的专利资源分布及其在更大的行业发展背景中的资源拥有定位情况，由此，可以预警行业集体所面临的专利风险，例如，行业专利布局薄弱环节等，从而有针对性地进行专利资源整合，例如，形成专利联盟，集合各方专利资源形成专利池以应对外部风险，当然，联盟内部也要形成必要的利益分配机制；

以行业利益共同体的力量，进行必要的专利收储，以增强抗御风险能力。

7.1.2 协同创新资源整合

专利预警研究既可以全面分析行业专利资源，也可以进一步透过专利资源的技术分布情况了解行业技术资源的分布现状。即通过专利资源在同一行业内的不同地理区域、不同企业的分布，了解专利资源对应的技术在行业内不同空间聚集区域和技术研发主体上的分布现状，从而了解行业技术研发资源的构成情况，进而分析行业内各不同区域、不同研发主体在技术研发上的研发效率、研发进度、研发重合度、研发互补度、研发空白点等。对这些情况的全面了解，有助于从行业层面预警行业技术发展风险，提早解决技术研发重大缺失或技术研发同质化的问题，增强行业内企业技术研发的全面性和互补性，提高研发起点和研发效率，促进研发人才、资金等要素资源在行业内的合理配置和有序流动，从而达到以行业技术研发资源整合为手段实现行业技术布局合理化、高中低端技术研发协同发展、行业技术创新良性循环的共同发展目标。

7.1.3 市场竞争资源整合

专利是一种市场竞争要素，因此，专利预警所得到的是一种重要的市场竞争情报。例如，通过专利预警可以全面了解行业当前的主要竞争区域、竞争者、竞争技术和竞争产品，也可以了解行业组织内部各成员参与竞争的情况，从而为行业内部市场竞争资源的整合提供信息依据。例如，行业组织内部多家企业均以欧洲市场为主要竞争区域，但由于任何一家企业在技术、专利和产品上的实力都不足以抗衡欧洲本土企业，因此，可以考虑形成技术和专利联盟，有效整合技术研发、专利布局和市场拓展资源，注意产品投放的时间、空间侧重点，以共同力量增强欧洲市场竞争力。

7.1.4 危机应对资源整合

在专利壁垒已经成为国际贸易的主要壁垒形式之一的国际竞争中，一旦专利风险转化为现实的专利危机，就可能波及一个国家或地区的整个行业。例如，当美国就我国复合木地板产品发起"337调查"时，我国复合木地板行业内的所有外向型企业都将面临共同的危机，处于一种一荣俱荣、一损俱损的危机态势之中。在这种情况下，唯有通过行业危机应对资源的有效整合，形成行业合力，以集体的力量去面对危机，才是共同渡过难关的上善之策。事实上，专利预警的作用并不仅仅限于风险识别阶段，一方面，如果提前预警到风险并做好了风险应对预案，则启动预案即可实现有效应对，即通过专利预警实现了有效的风险掌控和危机应对；另一方面，如果是突变风险，即等级较低的风险因为某种因素的刺激迅速转化为现实的行业共同危机时，也仍可以借助专利预警的一些具体方法，来分析并整合行业内的各种资源，例如，集行业力量，搜集整理证据资料以形成有效的抗辩材料甚至主动反击的证据链，还可以以行业专利池内（不一定是被诉成员的专利）的专利提起反诉，迫使对方走上谈判桌甚至放弃诉讼以维护行业集体利益。这种作用正体现了专利预警不仅仅是一种风险识别工具，也是一种有效的危机管理工具。

7.2　行业专利预警主要类型

行业专利预警从层面上可以分为三类，第一类是国家层面的行业专利预警，主要由行业主管部门或者国家层面的行业协会组织所发起，例如，中国内燃机工业协会就中国内燃机行业发展进行的专利预警；第二类是区域层面的行业专利预警，主要由区域性的行业主管部门或行业组织所发起，如中关村移动互联网联盟发起的移动互联网行业专利预警；第三类是由跨区域的行业组织或企业联合组织所发起的行业专利预警，例如，国内多家石墨烯技术相关的研发型和生产型企业共同组成的联盟组织发起的石墨烯行业专利预警。上述三类行业专利预警的主要区别在于其关注角度不同，基本立足点不同，一般都是行业专利预警的发起者将自身及其成员视为一个利益共同体而进行的专利态势了解及风险分析。

例如，中关村移动互联网联盟专利预警必然是以中关村移动互联网企业为关注点，而将中关村之外的其他区域和其他企业视为潜在的竞争对手或合作伙伴。

行业专利预警的主要类型包括行业专利布局态势预警、行业技术发展路线研究、行业市场竞争格局研究、行业技术标准专利预警及行业资源整合综合研究等方面。以下对行业专利预警的不同类型进行简要介绍。

7.2.1　行业专利布局态势预警

行业专利布局态势预警的主要目标在于全面了解本行业不同区域、不同层面的专利申请布局现状信息及动态变化情况，提供行业专利布局全景图，分析行业基本专利风险态势。

行业专利布局态势预警以行业主要技术的专利数据检索和专利信息分析为基础，从中提取全球、特定国家或地区、特定区域或产业园区专利布局的时间、空间和主要布局主体相关信息，以及本行业组织及其成员的同类信息，通过对这些信息的多维度解析和对比分析，在明晰本行业产业链构成与发展现状下找准本行业组织的定位，了解专利风险及其来源。例如，通过专利预警了解智能手机行业截至 2013 年 10 月的专利申请布局情况及近几年来专利布局态势演变情况，通过这些信息的获取，可以在明确智能手机行业专利布局大背景的情况下，进一步找准本行业组织及其成员的专利布局速度、质量、方向的基本定位，并揭示行业面临的基本专利风险态势。

7.2.2 行业技术发展路线研究

行业技术发展路线研究的主要目标在于以专利文献信息记载的技术为基础，分析了解本行业技术特别是攸关本行业技术发展方向的关键性技术在过去一定时期及当前发展的动态情况，寻找行业技术发展的主要节点，把握行业技术更新换代的规律性，从而对行业面临的技术风险和技术未来发展趋势进行合理判断和预测。

行业技术发展路线研究要以专利信息分析特别是深入的技术层面分析为基础，选取与行业相关的指标，并结合行业技术专家意见，从大量的专利数据中挖掘出行业关键技术，并寻找若干个关键技术节点之间的内在族谱关系、技术联系、时间顺序、区域分布等信息，这些信息可以立体地整合为行业技术发展路线图，也就是行业技术链。从可行性角度来说，行业技术链的分析一般在以高新技术行业为代表的专利密集型行业具有典型意义，一些传统的专利布局较少的行业则难以主要通过专利预警梳理技术发展沿革路线。

例如，通过专利预警了解手势识别技术的发展路线（部分）如图 7-1 所示。手势识别技术有四条不同技术路线（只示出一条），每条技术路线上都分布着若干个关键的技术节点，这些技术节点往往有一个或多个专利族保护，同一节点又进一步衍生出若干个技术分支，这些技术分支此消彼长，形成了一条完整的技术发展路线，从中可清晰地看出整个行业技术发展的过去和现在。通过这样的分析，在对比自身之后，可以了解本行业组织及其成员在整个行业技术链上所处的位置，从而明了技术发展风险，明确追赶目标和研发方向。

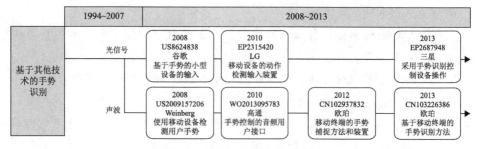

图7-1　手势识别技术发展路线

7.2.3　行业市场竞争格局研究

行业市场竞争格局专利预警研究的主要目标在于分析专利布局信息所蕴含的市场竞争情报信息，从中提取关于行业内的竞争者、竞争技术、竞争区域、竞争产品等信息，发现行业竞争的热点、重点和焦点，找准行业组织及其成员在全行业竞争大格局中的位置，确定竞争优势、劣势、机遇和风险，识别竞争对手，发现潜在的合作伙伴，从而提升行业共同体的竞争实力。

行业市场竞争格局专利预警研究要在专利信息分析的基础上，整合析取出有关竞争情报的指标信息，例如，通过专利申请数量、质量、时间连续性、空间分布情况扫描产业链各主要环节的主要竞争者，结合产业、市场信息以及专利诉讼、异议、许可、收储、流转等市场情报信息分析竞争涉及的核心技术、热点产品、关键区域，并预测未来一段时间内的竞争热点，例如，通过跨国公司的技术并购可以预测下一代产品的研发方向。

例如，中关村移动互联网行业竞争格局专利预警就通过对全球专利数据的深入挖掘，提取出移动互联网行业各主要产业环节的竞争者、竞争技术、竞争区域等信息，在进一步结合对频频发生的移动互联网领域专利诉讼、专利交易信息的研究之后，明确了全球移动互联网基本竞争格局，明晰了中关村移动互联网行业在竞争大格局中的基本位置，通过竞争格局及自身定位信息，可以研判最近一段时间内中关村移动互联网行业发展面临的专利风险，并为规避风险、提高竞争力提供情报信息支撑。

7.2.4　行业技术标准专利预警

行业技术标准专利预警的主要目标有两个方面：一是通过预警了解行业现行或拟采用的技术标准中的专利壁垒，例如，发现并识别我国行业遵循的国际标准中的潜藏的专利暗礁，判断其对行业产品及技术发展的影响；二是在行业快速上升期，通过专利预警，明确自身所掌握的核心技术，积极推动行业标准制定，使得专利技术标准化，促进行业（共同体）利益最大化。

行业技术标准专利预警也分为两个方面，一方面是对现有标准的专利风险的预警，要通过从技术标准中对专利意义上技术方案的提取，并将其与专利保护方案对比，发现技术标准中应当被权利人明确声明但却潜藏于其中的有效专利，以此为基础分析研判行业（产品）的潜在专利风险；另一方面是在标准形成期，通过分析全行业的技术和产品特点，了解行业组织及其成员的专利权属情况，在知彼知己的基础上推动行业标准的制定或事实标准的形成。

例如，在移动通信行业专利预警研究中，针对国际标准 TS36.2 系列标准进行专利风险预警分析发现，该系列标准中潜藏了一系列应当被声明，但却未被声明的有效专利，分析这些标准中的专利带来的风险，可以初步预测行业内企业在实施该标准时可能面临的专利风险情况。

7.2.5　行业资源整合综合研究

行业资源整合综合研究是行业专利预警的综合性研究类型，其在内容上可以涉及上述类型的一种或多种。一般来说，行业资源整合综合研究的主要目标是在全面了解行业专利布局的基础上，梳理行业技术链、明确行业企业链，并将技术链和企业链映射到产业链中，从而在行业全景图中有重点地透析涉及行业组织及其成员的关键技术、关键区域和关键竞争对手，为行业发展提供技术研发建议、专利布局建议及市场竞争等综合规划建议，促进行业资源的有效整合，帮助行业提升整体竞争力，形成行业内部互补互助，有竞争、有融合的可持续发展格局。

7.3　行业专利预警典型案例

7.3.1　物联网行业专利预警案例❶

【案例导读】

本案例属于第7.2.1节行业专利布局态势预警、第7.2.3节行业市场竞争格局研究等类型的综合案例，具体是针对物联网产业进行的行业专利预警分

---

❶ 本案例部分资料来源于广东省物联网专利预警研究成果。

析，主要应用的是专利预警的风险预警及竞争情报获取功能，基本目的是通过了解物联网产业的国内外专利布局现状，了解技术及市场竞争的热点，并分析我国物联网产业面临的宏观专利风险。在专利预警模型上，主要从宏观和微观两个层面对不同技术领域的专利数据进行统计分析和技术解读，具体指标构建中综合运用了时间、地域、申请人、技术等不同分析维度的组合。值得一提的是，本案例对行业专利预警中最关键技术分类体系构建步骤进行了详细的方法讨论。但限于篇幅，案例只对物联网的射频识别技术的部分专利预警分析进行了介绍。

【预警分析】

互联网实现了人与人的互联，物联网则是以感知技术实现物与物、物与人的互联。物联网是继计算机、互联网和移动通信技术之后的新一轮信息技术革命，是信息技术发展的制高点之一，也是未来产业升级的核心驱动力之一。前国务院总理温家宝曾明确提出"在物联网发展中，要早一点谋划未来，早一点攻破核心技术"。物联网产业技术要在我国得到全面快速发展，客观上要求我们必须全面、准确地摸清发达国家或地区及其技术领先企业的研发重点、专利布局，把握技术发展最新动向，了解技术发展的专利壁垒，在战略规划上先行一步，使得我们在物联网技术的竞争发展过程中少受制于人而有所作为。

2009 年 11 月以后，国家相关部门和一些省市先后组织开展了多次物联网行业专利预警工作，在行业专利预警工作中产生了较大的影响力。以下从专利数据检索、专利分析成果等方面对该案例成果进行简要介绍。

1. 技术分类体系构建与专利数据检索策略

数据检索是专利预警的基础，而数据检索的前提是要有相对明确的技术分类体系及技术边界。由于物联网具有十分宽广的技术范畴和应用领域，它脱胎于现有网络通信技术却又不同于现有技术，应用了很多现有技术却也有自身的技术特点，这种情况造成了无论是在产业界还是在学术界，都难以从整体上对物联网进行全面、明晰的技术划分，也难以从整体上给出物联网与非物联网技术的清晰边界。因此，物联网行业专利预警必须首先解决两个问题：第一，构建物联网产业的技术分类体系并厘清重点；第二，明确专利数据检索中的技术边界确定方法。

针对第一个问题，从兼顾研究的科学性和专利预警的可操作性两个角度出发，提出技术分类体系的构建方法：通过查阅相关资料文献，全面了解技术，并据此建立初步的技术分支体系。根据该技术分支体系进行试探性的专利文献检索，并根据获得的目标专利文献进行分类修正。这部分目标文献的数量不应太大，太大则失去探索的意义，也不能太少，太少则不具备样本意义。由此获得的分类可以交由专家讨论修正，修正后的技术分支体系可以作为再次检索的技术分类基础。以此循环，直至技术分类体系相对完善为止，如图7-2所示。

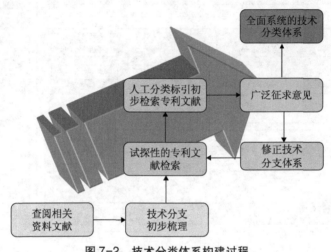

图7-2　技术分类体系构建过程

根据上述方法，可以从宏观到微观全面建立既满足行业分类需求又符合专利检索分析要求的物联网技术分类体系。总体上将物联网分为感知、网络和应用3个层次，每个层次中都包括两个功能相对明晰的子层，共计20多项主要的技术方向。当然，应用层的具体应用无法穷举。除此之外，还包括了部分共性支撑技术，如安全、定位等技术，如图7-3所示。每一个技术方向又包括若干个细化的技术分支，例如，射频识别技术包括了6个二级技术分支和18个三级技术分支。这种方法的探索表明，通过专利信息分析，可以在技术架构尚不清晰的时候为建立体系化的产业链技术分类架构提供数据支撑。

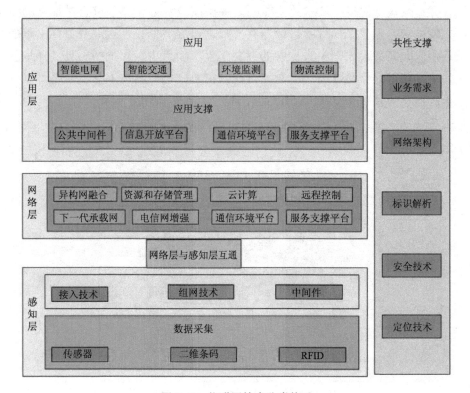

图 7-3 物联网技术分类体系

面对物联网这样一个庞大的产业技术领域，几乎不可能从全领域的角度进行专利检索。例如，由于领域跨度很大，很难从宏观上给出一个物联网专利申请的整体数据。不同技术方向专利数据相加并不能够获得有意义的数据，例如，单纯传感器相关的数据就有数十万篇，数据的简单叠加，可能使得一些文献较少的方向被淹没。

由于物联网的庞大技术架构及其与现有网络通信、电子计算机等技术的广泛交叉，在行业专利预警中，面面俱到地分析每一个技术方向并没有太强的针对性。例如，由于网络层的技术本身就应用了现有的计算机和通信网络技术，并非物联网独有，因此，就必须要突出物联网产业技术的重点，有针对性地进行专利预警。从技术发展路线、产业关注重点及专利申请热点等三个基本维度综合分析的结果表明，物联网感知层技术应当是专利预警检索、分析与研究的着力点。

确定物联网技术分类体系并明确重点技术方向之后，还必须解决第二个问题，即技术边界如何确定。由于物联网本身各技术方向之间及其与其他产业技术之间的边界并不明确，因此，还需要确定相对的技术边界以明确专利文献的选择标准。面对海量的专利文献，检索实施中可以采用共性技术特征的有限扩展方法。以物联网定位技术为例，首先检索出那些明确指出专用于物联网定位的技术，通过阅读文献，找出这些技术的共性技术特征，例如低功耗、高精度、小型化等要求，以这些特征参数进行有限范围的扩展检索，结合数据筛选，最终取得这一技术方向的目标文献，目标文献成为专利预警的文献基础。

2. 专利预警指标与信息模型构建

物联网专利预警着眼的是全行业，属于宏观层面专利预警，但也要兼顾部分微观层面预警，因此，预警模型可以从统计分析和技术分析两个层面构建。如图7-4所示，统计分析从全球、中国、不同省（市、区）及重点企业等不同角度对专利布局基本态势进行分析，试图揭示区域技术研发实力和市场竞争情况；技术分析主要从技术路线、核心专利、专利壁垒、公知技术等不同角度进行，试图揭示技术创新和专利布局的风险情况及突破方向。统计分析得到的结论可以归结为专利概况、研究热点和研发团队三个方面；技术分析的结论可以归结为核心技术、专利风险和应对策略三个方面。

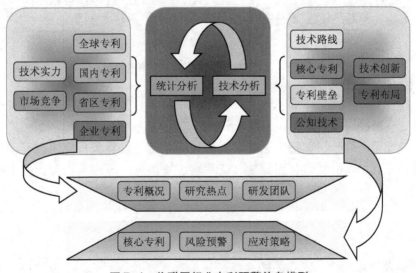

图7-4 物联网行业专利预警信息模型

由于技术领域十分庞杂，此处仅以物联网感知层的射频识别（RFID）技术为例扼要介绍上述基本指标与预警模型。

（1）专利概况。主要从专利技术生命周期、专利申请趋势、专利区域分布、专利技术类别分布等角度分析射频识别技术全球、中国及国内不同区域的专利态势情况。以图 7-5 示出的全球范围内 RFID 技术专利申请趋势为例，该技术在经历 1999~2005 年的快速增长后目前已经进入相对成熟期，申请数量相对稳定，这初步表明，在全球范围内该技术专利布局的高峰期已经过去，进入平稳期。

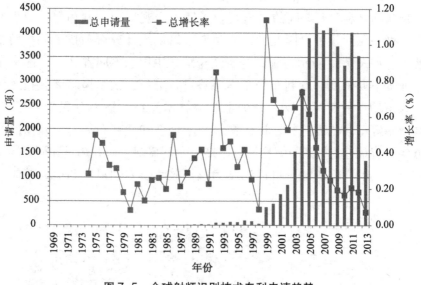

图 7-5　全球射频识别技术专利申请趋势

（2）研究热点。主要从专利申请的技术结构、主要研发团队的专利布局重点、专利协同创新重点等角度来分析技术的热点方向。以图 7-6 示出的主要跨国公司在射频识别技术上的研发结构为例，可以看到，应用技术是技术研究和专利布局的热点，而标签、读写器、通信方法等也是当前的技术研究重点。

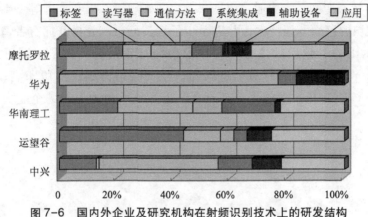

图 7-6 国内外企业及研究机构在射频识别技术上的研发结构

（3）研发团队。从专利申请人的角度分析申请人拥有的专利技术数量、质量、技术研发结构等，以反映在特定技术上专利实力较强的企业情况。以图 7-7 示出的射频识别技术主要跨国公司专利数量比例分布为例，东芝泰格、韩国电子通信等跨国企业或研究机构在该领域具有较强的研发实力，所拥有专利技术数量占到全球总数量的 4% 以上。

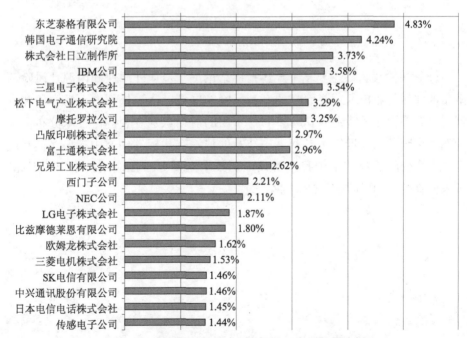

图 7-7 射频识别技术主要跨国公司专利数量比例

（4）核心专利。主要通过引证次数、同族规模、权利范围等一系列指标寻找该领域的核心专利技术，并进一步了解其分布，分析其拥有者情况。以图 7-8 示出的射频识别核心专利技术的拥有者情况为例，由图可见，核心专利技术主要集中在标签、读写器及空中接口方面，凸版印刷、东芝、三星等是核心专利技术的主要拥有者，也是技术最为先进的企业。

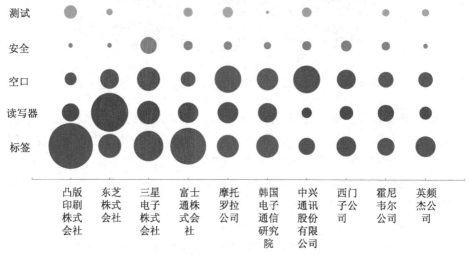

图 7-8　射频识别核心专利技术分布

（5）风险预警。主要基于上述指标结论进一步从外源性和内源性风险两个角度评估行业技术发展面临的专利风险，也可以通过外部的市场竞争和专利诉讼态势预测风险走势。以图 7-9 示出的射频识别专利诉讼技术分布情况为例，由图可见，近年来专利诉讼涉及的技术有从标签到空中接口，再到应用技术演变的趋势，由于我国射频识别技术主要分布在应用技术上，因此，未来面临的专利风险在不断增加。

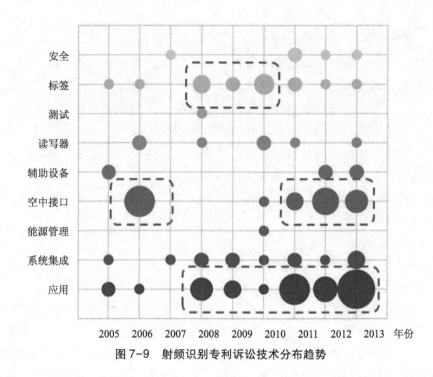

图 7-9　射频识别专利诉讼技术分布趋势

（6）应对策略。主要是从风险应对的角度，分析规避风险、提升创新竞争力的可利用资源和可能路径，例如，协同创新、技术引进、利用公知技术提高研发起点等。以图 7-10 示出的射频识别标签技术专利壁垒、潜在壁垒及公知技术的数量比例为例，由图可见，在射频识别标签技术上我国创新主体在我国境内可自由使用的技术达到该技术领域专利申请数量的 64%，合理利用这些专利申请文献披露的技术方案，可以起到防止重复研发、提高研发起点、逐步增强创新竞争力的作用。

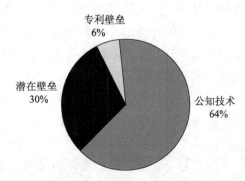

图 7-10　射频识别标签技术专利壁垒、潜在壁垒及公知技术数量比例

【预警结论】

物联网产业正处于快速发展阶段，感知层技术是物联网的关键技术。以感知层的射频识别技术为例，虽然物联网产业刚刚起步，但该技术已经基本成熟，国内外专利布局密集；射频识别应用技术已成为专利布局的热点，但并非核心技术点；日韩等跨国企业拥有专利数量优势并掌握电子标签、读写器及空中接口等核心技术；由于核心技术较少，应用领域居多，未来我国物联网行业面临的专利风险正在加剧；面对行业风险，一方面可以通过利用现有技术资源自主创新的方式突破关键技术，另一方面也可以通过引进合作的方式寻求共赢发展。

【预警提示】

从行业发展角度来说，物联网是新兴产业，但从技术角度来说，其更多的一种集成技术，在其关键的领域，例如射频识别技术上，我国并无先发优势，不掌握核心技术。因此，应当综合利用行业专利预警提供的风险预警情报和技术发展情报，动态跟踪国内外专利布局情况，跟踪跨国巨头的技术发展，跟踪国际专利纠纷动态，对比我国行业发展现状，整合行业发展资源，特别是技术创新资源，协同创新，加强重点方向专利布局，协同运用，积极应对风险挑战。例如，如图7-6所示，华为、华南理工、远望谷、中兴等掌握射频识别技术的企业和研究机构的专利布局各有技术侧重，因此具有技术互补和协同创新的基础，可以有效整合资源，谋求共同发展。

7.3.2　行业资源整合研究案例

【案例导读】

本案例属于第7.2.5节所述的行业资源整合研究，具体是针对移动互联网行业专利资源的协同运用研究，主要应用的是专利预警的情报获取功能。基本目的是通过了解移动互联网行业的专利数据分布情况，分析行业内企业之间技术上的互补性，并通过其接受专利许可等情况，了解其共同的利益基础，从而提出协同发展、资源整合的针对性建议。在数据分析指标选择上，主要采用行业内企业专利的技术分布、专利许可转让等活动的技术分布等统计指标，但要点在于发现简单数据之间的内在关联性。

【数据分析】

行业组织内成员强强联合、优势互补，实现资源有效整合、协同创新是增强行业抗御风险能力、提升竞争力的有效途径。以移动互联网行业相关企业的资源整合为例，表 7-1 示出了行业内部分企业的专利资源分布情况。由表可见，行业内企业在移动互联网不同的技术上各有专利优势，例如，大唐移动的专利技术主要集中在基带芯片和射频芯片上，联想的专利技术主要集中在操作系统、触控交互等应用技术上，奇虎 360、百度等都有各自的专利技术优势，专利技术优势的背后，其实是创新资源的优势。对这些行业创新资源分布信息的掌握，有利于从行业层面上提出创新资源整合的协同发展策略，例如，假定商业上是可行的，那么大唐移动与联想的技术创新资源协同将会使得协同体迅速具有贯通软硬件研发突破的强大实力。

表 7-1　中关村移动互联网行业企业专利资源分布

单位：件

申请人	基带芯片	射频芯片	NFC芯片	核心操作系统	能耗管理	系统加载	应用管理	触控交互	眼动交互	手势交互	语音交互	移动搜索	LBS	移动支付	移动浏览器	移动音视频	即时通讯	社交网络	木马/病毒查杀	隐私保护访问控制	内容过滤	合计
大唐移动	329	263	1	29	10	2	3	2	0	0	2	0	24	0	0	3	2	0	0	0	0	670
联想	10	18	12	79	35	35	19	171	7	35	17	1	23	5	0	10	9	3	33	9	9	540
奇虎360	0	8	0	26	1	20	38	14	0	0	3	0	17	0	23	4	36	21	178	73	60	528
百度	0	1	3	11	1	1	12	52	1	10	42	68	30	0	21	7	24	17	18	64	6	389
中星微	35	74	1	75	4	2	4	2	1	3	17	1	0	0	15	7	0	0	0	2	1	246
小米	0	5	19	1	3	2	13	53	1	4	4	0	31	0	20	13	14	5	3	0	0	197
电信研究院	62	18	0	10	3	0	0	0	0	0	0	0	25	0	0	0	0	4	1	0	0	123
飞天诚信	0	0	0	0	0	0	13	0	0	0	2	0	0	8	0	0	0	12	57	3	0	107
金山软件	0	0	0	0	7	0	7	9	0	2	2	1	1	33	17	6	1	7	10	3	0	107
亿企通	0	0	0	0	0	0	0	0	0	0	0	1	0	0	0	0	101	0	0	3	1	106
创毅视讯	22	68	0	1	2	0	0	0	0	0	0	1	0	0	0	11	0	0	0	0	0	105

进一步从企业层面分析移动互联网行业联想和小米接受专利许可的情况后发现，如表 7-2 所示，联想和小米在一些专利技术上都作为杜比专利的许可对象，这从一个角度进一步放大来说，联想、小米等移动互联网企业在一些技术上具有共同的缺失，因而也具有共同的利益基础，其可以作为特定技术上的协同创新主体，也可以以专利技术联盟的形式整合专利资源抵御专利风险。

表7-2　联想与小米接受同一让与人许可专利的情况（部分）

许可人	受许可人	发明名称	许可种类	备案日
杜比	联想	采用频带复现增强源编码	普通许可	2013.01.06
杜比	小米	采用频带复现增强源编码	普通许可	2013.02.06
杜比	联想	音频译码装置	普通许可	2013.01.06
杜比	小米	音频译码装置	普通许可	2013.02.06
杜比	联想	适用环绕系统标准且与环绕系统兼容的声频系统	普通许可	2013.01.06
杜比	小米	适用环绕系统标准且与环绕系统兼容的声频系统	普通许可	2013.02.06

【分析结论】

在移动互联网这一产业链较长的行业中，几乎不可能有企业掌握全链条的技术，各自都会有自身的侧重点，因而也有各自的薄弱环节。我国移动互联网企业面临技术瓶颈，不得不以接受许可等方式取得跨国公司的专利技术使用权，多家企业共同取得同一家企业专利许可的情况十分常见。

【情报提示】

类似移动互联网这样的行业，企业之间的竞争永恒而激烈，然而，这种竞争也是在相互依赖中的竞争，这种依赖就构成协同创新和协同运用的利益基础，因而，竞合就应当成为行业协同发展的常态。例如，苹果与三星之间市场竞争不可谓不激烈，但双方的合作又不可谓不紧密。善于整合资源，勇于协同发展，强强联合，优劣互补，有效地整合技术创新和专利运用资源，才是市场竞争中以资源的迅速集聚实现创新发展的真谛。而通过专利预警的数据情报分析，发现这种竞合的潜在信息，对于寻求协同创新发展之路将十分重要。

7.3.3　行业专利危机应对案例

【案例导读】本案例不属于第7.2节所述的行业专利预警的某种具体类型。介绍该案例的目的在于说明当前期预警缺失，没有加以防范，而发生行业性的专利危机事件时，也仍可能"亡羊补牢"，整合资源，积极应对。

【案情介绍】

2009年6月，一项名称为"电信数据传输内容中字词符联接电信号码的方法及其系统"的发明专利申请被授予专利权（ZL200480009850.2），专利权人是晟展信息科技（上海）有限公司，上海锋众是该公司独家授权的市场运营主体。

该专利实质上是一种应用手机短信互动服务的短信数据库应用模式，是一种手机"精准营销"服务。例如，手机用户短信发出问题"附近哪里有银行"，系统很快根据基站位置定位用户并反馈出参考答案，这就是大家习以为常的 AQA（你问我答）的手机搜索服务。它实际上只是手机既有短信功能的延伸，是短信与数据库相结合而催生的业务应用。全球移动运营商公认 AQA基于开放性技术，国外也没有人去申请相关专利保护。2004 年 5 月，全球著名的移动服务商沃达丰最早将该技术应用于业务。随后，包括中国在内的世界各国运营商和服务商都推出了形形色色、名称各异的 AQA 业务。

获得专利授权后，锋众公司高调宣传其掌握的该项技术，将其命名为"名联技术"。作为该技术"发明人"的美籍华人直言不讳地表示，由于该系列技术所应用的领域广泛而众多，产业化、市场化前景十分乐观。获权 2 个月后，该公司就以这项专利武器瞄准涉足这一领域的用户。2009 年 8 月，锋众以某公司购买了一个名为信息名址的产品侵犯了其"名联技术"专利为由，向上海中级人民法院提起诉讼，随后，专利权人又追加了上海世能信息科技发展有限公司等 6 名被告，这成为我国无线寻址领域的首例专利侵权诉讼案件，被称为"锋众门"事件。

值得注意的是，它选择的诉讼对象不是服务提供商，也不是平台商，而仅仅是使用该服务的一个普通用户。然而，一旦这个被告被判定为侵权，那么，相当于认定了使用该类技术的所有用户侵权成立，那也意味着中国通信领域的相关产业链环节——三大运营商、近万家 SP 和全国 7 亿多手机用户的日常点对点短信服务，都可能构成所谓的"专利侵权"，按每家用户将至少50 万元的赔偿计算，该公司将会从中国拿走 650 万亿元以上专利索赔额，赔额相当于近 22 倍中国 2008 年的 GDP。

毫无疑问，这个看似简单的专利侵权案，被诉方虽为几家企业，但这仅仅是原告诉讼对象的冰山一角，其背后的野心昭然若揭。毫不夸张地说，这场诉讼的成败将关系中国移动信息服务行业乃至整个信息产业的发展，这是一次行业性的专利危机事件。

"一石激起千层浪"，该诉讼一经提出，立即引起业内有识之士的关注，行业协会委托专利预警机构进行全面分析。通过预警分析，从宏观层面全面梳理了这一类技术的发展历程、主要的技术掌握者等情况，并从微观层面了解了这项专利技术本身的权利保护范围情况，结合该技术的市场应用情况后，捕捉到其可怕的危机放大效应，及时发出了行业专利预警蓝色警告信号，提示这一专利危机事件背后的全行业风险。这进一步引起了业界各方及法律界高度关注。"倾巢之下，安有完卵"，各方迅速形成危机应对共识，被诉当事人、行业协会、专利预警机构、专利代理机构、法律援助机构等多方集结力量，迅速组成了强有力的危机应对力量，通过全面、专业的证据检索与分析，组织了多梯度的应对策略，一方面积极在法院应诉，另一方面迅速向专利复审委员会提起了有充分事实依据的专利无效请求。

2010 年 1 月 28 日，专利复审委员会公开审理了由上海世能信息科技发展有限公司针对晟展信息科技（上海）有限公司的该项发明专利权无效宣告请求。2010 年 5 月 26 日作出第 14870 号无效宣告请求审查决定，宣告该专利全部无效。专利权人不服，随后向北京市第一中级人民法院提起行政诉讼。第一回合的交战以被诉方完胜收兵。

【预警提示】

"锋众门"是一次行业性的专利公共危机事件，这一事件的发生反映了我国行业性专利预警机制的缺失，未能在前期跟踪行业专利布局动态并及时发出预警信号，例如专利申请文件刚刚公开的时候，及时发现其潜在的风险并以提起公众意见等方式积极阻止其授权。当然，在浩瀚的专利申请中发现某一件"危险专利"本身也具有相当的难度，这需要多方沟通机制的构建；同时，这一危机的化解也说明，面对专利危机事件，仍可以以专利预警提供的方法和信息，迅速整合资源，积极有效应对，并且，应对中也可以采取多层次策略最大限度化解危机。

7.4 行业专利预警发展思考

7.4.1 行业专利预警的主要问题

由于历史原因，目前在我国，除了一部分行业协会由市场主体自发组织形成之外，大多数全国性的行业协会、同业公会和商会并非真正的民间行业组织，而是在计划经济体制向市场经济体制转型期产生的，带有一定的官方性质和计划经济色彩，这种特殊的历史渊源使得行业组织开展专利预警相关工作既有一些先天的便利，但也同时存在一些现实的问题，主要表现在以下几个方面：

（1）资源保障不充分。由于大多数的行业协会组织是由原来的政府管理机构转型而产生，一方面由于专利工作的重要性还没有在行业协会组织中得到普遍认可，另一方面即便行业协会组织有为全行业或者组织内企业提供专利预警公共信息的意愿，也可能由于转型之后经费、人员的限制，行业组织在承担大量公共职责的同时，难以有充分的资源投入到专利预警这类尚没有提到行业组织工作重要地位的公共事务上来。目前，大多数行业组织本身并没有专门的知识产权部门，即便有相关部门，也缺少专业人员直接提供专利预警服务，因此，一部分专利工作已经走在前列的行业组织通过委托专业专利预警机构进行行业专利预警工作，但往往由于经费等客观条件限制而难以获得深入、持续的专利预警信息。

（2）企业参与度不高。如本章前几节所述，行业专利预警也属于宏观层面的预警，其结果并不针对特定企业、产品或技术，而是针对行业发展共同的风险、机遇进行综合分析判断。但是，行业专利预警却需要微观创新主体特别是企业的积极参与，唯有如此，才能在广泛采集企业信息的基础上使得预警分析更具有该行业或行业组织内企业关注的专利风险的针对性。由于国内企业目前普遍专利意识并不强，加之行业层面提供的专利预警信息并不具有个体针对性，因此，行业专利预警过程中企业的参与度普遍不高，在一定程度上导致了专利预警工作成为行业组织"自娱自乐"的行为，企业越不参与，行业组织越没有积极性，这客观上造成一种非良性循环。但是，在一些民间自发成立的行业组织和企业联盟中，由于其成员企业具有广泛的共同利益，因此，在类似行业专利预警这样的公共事务中也能够积极参与，行业组织与企业互动良好，预警信息针对性较强，企业能够获得有效的信息，因而也激发了进一步的参与热情，最终形成一种良性互动的行业专利预警机制。

（3）信息关注度较低。目前的行业专利预警成果，大多数限于对行业专利布局情况快、慢、多、少的简单分析，并且一般仅从专利角度进行解读。由于这些专利布局情况没有和产业、市场进行有机数据结合，客观上造成了懂专利的人觉得信息含量很少，价值不高，不懂专利的人却因无法理解专利数据本身而不知其产业信息价值的行业专利预警困局。结果是，一方面专利界如火如荼地开展各种专利预警，产业界却如同隔岸观火，看看热闹，听听故事，最终不了了之。造成这种信息关注度低的原因主要有两方面：一是行业专利预警的分析数据和分析维度太单一，鲜有从数量统计层面沉入技术发展、市场竞争等深层次研究，能够提供行业资源整合等综合性预警信息的更是凤毛麟角；二是行业专利预警的解读视角和信息提供太专业，一般就用专利术语解释专利现象，偶尔通过专利现象探究产业本质也是浅尝辄止，信息挖掘不够，价值含量很低。如此一来，"数据很简单，解读很专业"的行业专利预警信息关注度自然就难以提高。

7.4.2 行业专利预警的发展建议

在市场经济条件下，政府一般并不直接干预微观经济活动，更不会对企业的具体市场行为指手画脚，而政府与企业之间的衔接，就必须充分发挥行业组织的作用。事实上，从国外行业组织所发挥的诸多社会管理功能来看，我国行业组织的作用发挥还有巨大的空间，特别是在参与规划行业发展、引导行业资源整合、保障行业安全方面还大有可为。而专利风险作为行业发展所面临的越来越突出的市场竞争风险，为了使其最小化，今后，行业组织还应不断加强在行业专利预警方面的工作，以促进行业资源的协同运用，为行业健康发展创造良好的环境。今后，行业专利预警应从以下几方面着力：

（1）整合资源，提高投入效率。行业专利预警工作的受益方是全体行业组织内的成员，因此，行业组织要积极协调组织内各成员进行相关资源的整合，保证行业专利预警工作得到稳定、充足的资源投入。例如，可以通过在行业组织内设立知识产权部门，为组织内成员提供共性专利预警服务支持，降低对外委托的成本，也可以通过建立行业组织的专利预警专项基金等方式持续开展共性技术的专利预警。当然，行业组织也可以采取多种途径争取经费支持，以保障专利预警专项工作的经费和资源投入。

（2）凝聚共识，强化企业互动。行业专利预警工作能否得到企业的支持，一方面需要行业内成员在专利预警工作的重要性上形成共识，这就要求行业组织承担起专利预警理念宣传、方法普及的责任，帮助企业树立专利风险防控意识；另一方面需要针对行业共性专利风险的预警与防范问题形成共识，这就要求在进行具体的行业专利风险预警时，要优化工作流程，强化需求调研和论证环节，充分保障专利预警项目开展的针对问题确系行业内企业最关注、最现实的问题，以此来凝聚共识，强化行业组织与企业的互动，保障行业专利预警工作的开展。

（3）全面融入，增强工作认同。行业专利预警要增强工作认同度，需要在服务质量上下大力气，需要褪去专业化的专利预警"外衣"，提供优质高效、贴近产业的专利预警服务。具体来说，行业专利预警在信息层面要提高数据集成度，多维度解析专利数据，在呈现方式上要增强产业亲和力，深入浅出地阐释专利现象，从专利到技术、从技术到产品、从产品到企业、从企业到市场、从市场到价值，论述有据，展示有方，真正使得行业发展受益于专利预警提供的专利布局、技术发展、产品需求、企业竞争、市场消长和价值趋向等综合信息，有利于行业未雨绸缪防范风险、选择路线、前瞻布局、赢取先机。只有通过将专利预警工作的服务内容全面对接到产业技术创新发展上来，深入浅出地阐释理念，提供信息，才可能获得产业广泛认同，最终发挥作用并取得发展。

行业专利预警要充分发挥出以上作用，离不开政府部门的指导支持，离不开行业内各类型成员的积极参与，唯有如此，才能在上下左右互动中探索出符合行业发展利益的专利预警新机制，在增强抗御行业专利风险、化解行业专利危机的能力中创造出行业协同创新发展的新业绩。

第八章 企业专利预警

企业是直接参与技术创新和市场竞争的微观主体。"春江水暖鸭先知"，市场风险特别是专利风险的直接和最先感受者是企业，因此，企业专利预警是几种不同层面专利预警中能够解决技术创新和市场竞争中市场主体最关注、最现实利益问题的具体专利预警形式，也是专利预警机制运行体系中面向群体最为庞大、需求类型最为多样的末端专利预警，因而也是对预警信息准确度、灵敏度要求最高的专利预警形式。

本书对企业专利预警进行泛化定义，对所有由企业、科研单位、高等院校以及个人等微观领域的创新主体自行开展或委托开展的专利预警活动，都归于企业专利预警范畴之中。

8.1 企业专利预警的创新促进作用

本书第 3.4 节从保障安全、辅助规划、整合资源和助力创新四方面阐释了专利预警的基本意义，在任何一个层面的专利预警类型中，这四方面的作用和意义都现实地存在，而为了突出专利预警在某一层面的意义，在本章之前的几个章节中，国家专利预警、区域专利预警和行业专利预警分别侧重于从保障安全、辅助规划和整合资源三方面的意义的论述。在本章企业专利预警中，将着重从助力创新的角度论述专利预警的意义，但读者应该理解到，企业专利预警的作用同样完整地体现在上述四个方面之中。

8.1.1 企业创新战略

当前，我们正从国家层面推动实施创新驱动发展战略，在这一战略指引下，区域、行业也都在纷纷推进相应的创新战略，而作为创新主体的企业，为了达到技术升级、产品升级及核心竞争力升级的目标，也应当制定企业层级的创新发展战略。专利与技术创新密切相关，为了制定并实施企业的创新战略，一方面可以借助专利预警提供的技术情报、市场竞争情报来做到知彼知己，以辅助创新战略的制定；另一方面也可以在创新战略实施中，借助专利预警提供的动态情报信息对企业创新战略的实施进行调整，使得企业创新战略与专利布局、技术发展和竞争环境具有更高的契合度，保障企业创新战略的顺利、高效实施。

8.1.2　创新路径选择

企业创新战略规划是从战略层面解决企业创新的方向与步骤问题，而创新路径的选择则是具体的产品创新或方法创新思路选择的战术层面的问题。专利预警可以为企业技术研发路径的选择提供辅助决策信息，一方面，通过专利预警提供的技术信息，可以帮助企业判断所关注技术的研发热点、重点和难点，梳理技术发展路线，为可能的技术研发路径选择提供情报支撑；另一方面，通过专利预警提供的专利布局信息，可以帮助企业判断所关注技术及其对应产品的专利风险情况，在研发路径的理论可能性与现实可行性之间作出适合企业自身情况的选择，帮助企业提高研发起点，防控专利风险。

8.1.3　创新成果保护

专利风险普遍存在于专利制度运行的全流程中，即便是在创新成果保护的专利申请布局阶段也不能例外，通过专利预警，可以在明了竞争对手专利布局的基础上，有效地避免或降低创新成果保护过程中的专利风险，主要表现在以下几个方面：一是可以防止专利挖掘中的风险，避免将本应保护的技术成果未保护或未充分保护，导致成果流失；二是可以降低专利申请中的风险，避免将不具备专利授权前景的技术方案申请专利，造成人力和财力的浪费，也避免因为操作层面的因素，例如申请文件撰写缺陷等，导致本应重点保护的技术方案只能获得较窄的保护范围；三是可以防止创新成果保护层次的单一化或无序化，尽可能使得成果保护形成合理的时间、区域和技术布局网，最大限度、最大范围地保护创新成果。

8.1.4　产业综合运用

产业运用中的风险是专利风险最为突出的一个环节。无论是专利制度"矛"的属性还是"盾"的属性，都在这一个环节突出地表现出来。由于运用的不当，可能带来潜在的危机或失去应有的机遇，因而，在产业运用中，为了辨别并降低风险，专利预警的作用就十分明显，主要表现在三个方面，一是有效地辨识专利侵权风险并策划应对预案，降低产品投产、上市、出口、参展等市场活动中的风险；二是有效防止商业性专利运用中因为专利权属或专利权稳定性等因素带来的专利风险，这些风险有对方专利价值被高估的风险，也有己方专利价值被低估的风险，例如，专利收储流转、企业并购、投资融资等活动中的专利风险；三是有效跟踪市场、跟踪竞争对手，及时预警己方已有专利布局的热销产品在目标市场被模仿、被侵权的风险。

8.1.5　危机事件应对

专利预警的作用不仅仅表现在风险的辨识阶段，在风险转化为现实的危机事件时，专利预警仍可在危机管理中发挥作用。这种作用主要表现在两个方面：如果通过预警针对危机前的风险辨识策划了危机应对预案，则可以直接启动相应的预案及时应对，并持续跟踪危机态势变化以调整应对策略，这将有效缩短危机反应时间，准确把握危机消除的主要因素；如果危机发生前没有进行专利预警，或者专利预警未能有效辨识风险状态，特别是一些突变风险，则可能没有可供启动的应急预案，即便如此，也可以在危机刚刚发生时立即运用专利预警的操作手段，分析危机发生的根源，预测危机发展走势，做到知彼知己，迅速制定应对策略，从而做到处乱不惊、有效应对，尽可能将危机带来的损失控制在最小范围之内。事实上，根据笔者多年从事专利预警的经验，我国的企业一般在经历现实的专利危机之前，很少有主动的专利预警意识，但在危机事态发生时，为了有效地应急应对，一些企业会积极寻求专利预警的工作支撑，而危机事件的警示作用，会促使专利预警工作成为这些企业在危机后的常态性工作。

8.2　企业专利预警主要类型

作为最微观、最灵活的专利预警需求，企业专利预警的多样性表现得十分明显。从具体操作的角度实际上难以穷举企业专利预警的类型，但如果从技术创新的创新前、创新中、创新后和产业化运用几个阶段来划分，如第3.3.3节所述，可以相对清晰地梳理出企业专利预警的主要类型，以下对这些预警类型的目标和基本方法进行简要介绍。

8.2.1　研发创新专利预警

从技术创新生命周期来看，研发创新处于时间轴的最前端。如果仅仅从研发方自己的角度来考虑，这一阶段，并没有专利产生，但即便如此，也由于竞争对手在相同或相似技术方向上的专利布局可能已经现实地存在，为了规避由于对这些情报掌握不足而带来的后期风险，有必要将专利预警工作前置，事实上，风险预警前置也是预警机制的内在要求。也就是说，企业在创新规划之前，就应当针对创新目标进行专利风险预警，并且需要在创新的过程中不间断地跟踪预警。这一阶段的预警主要包括研发方案查新、研发路径选择、竞争对手分析、专利技术利用等几个具体类型。

8.2.1.1　研发方案查新

研发方案查新的主要目标是防止初步的研发目标方案或创意已经由国内外其他机构研发出来或正在研发之中，从而防止拟研发的技术已是现有技术，避免重复研发，节约研发经费，提高研发起点。

研发方案查新需要进行全球范围内的文献资料检索，检索范围主要包括但并不限于专利文献，还应最大限度地包括各类非专利文献，通过检索发现相似的技术方案之后，还要通过技术比对完成两个层面的分析。从传统意义上的查新来说，一般只做到新颖性分析即可，即做出发现或未发现相同或实质相同的技术方案的结论，但这种结论仍停留在一个比较低的层面，并不能解决防止重复研发的问题。因此，研发方案查新的第二层次的要求是不仅对技术方案的新颖性进行分析论证，而且要分析其创造性，通过创造性的分析，即可解决防止重复研发的问题。

例如，国内某电子产品生产企业的技术人员提出一种研发方案思路，通过多点触摸控制方式的改变来增强用户体验，提高人机交互效率。在着手进行技术实现研究之前，通过前期专利预警，发现日本有一家公司已经就基本相同的技术方案在日本申请了 PCT 专利，后期还可能进入中国。在掌握这一信息之后，研发人员调整了研发思路，改变了控制交互方式，成功研发出一款新的触控技术电子产品，避免了重复研发甚至专利侵权的风险。

8.2.1.2　研发路径选择

为了提升产品的竞争力，企业一般会根据自身研发能力、产品基础以及市场需求情况制定短期或中长期研发规划，规划中会涉及重点技术方向、重点技术节点的突破，这些重点方向和节点在逻辑上就构成了企业的研发路线。从这个角度来说，研发路径选择专利预警的主要目标就是通过预警分析，发现当前技术研发路线上存在的潜在专利风险并做好应对准备，例如，发现风险时及时调整研发思路甚至放弃某些研发方向，以规避风险，使得技术研发更加符合企业的战略发展方向。此外，研发路径选择专利预警还有一个重要的作用是辅助那些正在进行研发路径规划或者尚没有研发规划的企业选择研发路径，提供可供参考的研发方向和重点突破方向。图 8-1 示出了光纤传感器技术的几种技术发展路线，包括光栅传感器、F-P 腔式传感器、M-Z 干涉式传感器等，其中光栅传感器是技术创新最活跃的光纤传感器。了解这些不同技术路线的发展情况，有利于企业根据自身实际做出研发路线的选择。

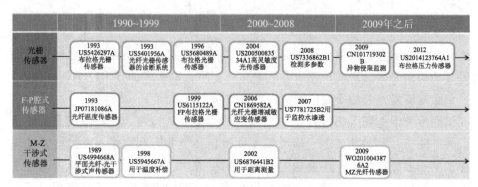

图 8-1　光纤传感器的几种技术路径

研发路径选择专利预警需要通过对相关领域的专利文献进行初步检索、数据清洗和数据标引等数据加工步骤。由此获取的目标分析专利文献，仍需经过两个层面的分析：一是宏观层面的专利布局技术分布分析，通过这种技术布局分析，可以从总体上评估研发路径的风险或寻找潜在的研发方向；二是微观层面的技术问题—技术手段—技术效果分析，通过这种技术层面的分析，可以从技术点（技术方案）的角度寻找具体的突破点。

8.2.1.3　竞争对手分析

企业层面的专利风险说到底主要是来自竞争对手的专利壁垒带来的风险。孙子说"知彼知己，百战百胜；知己不知彼，一胜一负；不知己不知彼，百战百殆"。这充分说明了竞争中对于自身定位及对手实力了解的必要性和重要性，而这种了解显然要从研发创新规划的运筹帷幄之时就应当开始，并伴随整个技术研发生命周期。从专利预警的角度对竞争对手进行分析的目的主要有几个层面：第一层面是识别与自己形成竞争关系的竞争者；第二层面是跟踪竞争者的专利布局，分析获取其技术研发和经营战略情报，辨识专利风险；第三层面是在知彼知己的情报支撑下，寻求竞争中共存、竞争中合作以及竞争中取胜的策略。图 8-2 示出超硬材料领域中国龙头企业的主要竞争对手日本住友电工的专利技术布局及其最新动向情况，由图可见，住友电工在超硬材料的微粉、单晶、刀具、磨具、膜、聚晶、锯切、拉丝模具等方面都有专利布局，超硬材料在电子工业上的应用是其最新专利布局动向。

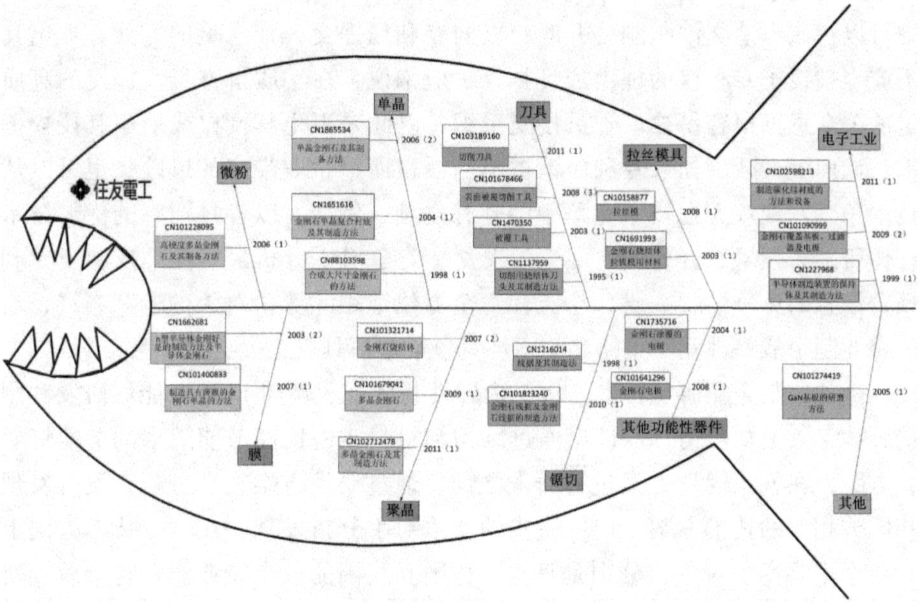

图 8-2　日本住友电工超硬材料技术专利布局及其新动向

　　竞争对手专利分析要通过对专利数据的检索，分析识别与企业当前或拟研发技术高度相关的专利文献，由此发现其技术拥有者，并通过对比划分不同的竞争梯度，区分出全球、中国等不同层面的技术领先企业，发现在一定时间和区域内和本企业之间构成一般技术竞争关系的企业、构成密切技术竞争关系的企业。立足于此，可以带着不同目的持续跟踪这些企业，例如，通过跟踪技术领先企业的专利技术布局走势来分析研判技术发展趋势，跟踪技术热点和重点；通过跟踪具有密切竞争关系或一般竞争关系的企业专利布局走势来分析其最新技术研发动向，市场开拓动向，通过数据的动态跟踪及时提高或降低对一些竞争对手的跟踪级别，例如，通过专利预警发现企业曾经的密切竞争对手近年来已经弱化了某一技术方向的专利布局，转而进行另一与本企业不相关方向的研发，则这一信息与其他情报信息的结合就可以逐渐将该企业排除在竞争对手之外，反之，如通过预警发现某企业加大了在与本企业相同技术方向上的专利布局力度，即便其尚没有实体产品进入市场，也可以合理预警其可能进入这一技术或产品领域，应将其列为重点跟踪关注对象。进一步对竞争对手专利情报的分析，可以深层次地发现本企业与竞争对手可能发生的冲突技术点，识别专利风险，提前做好应急应对预案。例如，如果发现竞争对手的专利申请可能与企业自己的研发产品存在冲突可能性，则可以在该申请文件刚刚公开时，以向专利局提交公众意见的方式，提出其不应当被授予专利权的理由或证据，一般来说，在实质审查阶段提交的高质量的公众意见很容易被审查员接受采纳，以此来阻止其授权或缩小其授权范围，从而大大减少如果专利申请被不当授权而给企业带来的风险；也可以从技术角度发现双方在技术竞争中的互补之处，例如，以各自拥有的优势技术合作研发新技术、开发新产品等。总之，竞争对手分析最直接地反映了专利预警信息的竞争情报属性，全天候、全方位地跟踪竞争对手的专利布局，对于企业制定战略性竞争策略和战术性竞争策略都具有至关重要的意义。

例如，某企业研发转型，从传统灯具制造行业转向 LED 节能灯研发和制造，技术人员初步仿真设计出通过结构和材料改进提高节能效率的节能灯研究方案，在就该规划方案进行研发之前，通过研发方案查新分析，没有发现相同或相似的技术方案，但进一步的竞争对手分析发现，在这一技术方向上有三个主要竞争对手，分别是日本、德国和我国的三个企业。在整个后续研发过程中，企业对这三个对手的专利申请情况进行持续关注，在该企业的产品即将批量生产前夕，发现了竞争对手之一的甲公司有一件实用新型专利在我国授权，对比分析后发现，企业当前的节能灯结构可能对这一实用新型专利构成侵权，并且经检索分析该专利权权利稳定。面对这种情况，该企业积极进行了规避设计研发，最终有效地规避了竞争对手的专利壁垒。

8.2.1.4 公知技术利用

专利制度设计的基本目标就是为了促进技术创新，其以申请人在对技术方案的充分公开为获得一定期限专利权的基本条件，因此，专利文献记载了大量翔实的技术方案。企业在研发创新中一方面要通过专利预警避免重复研发，另一方面也要善用专利文献披露的技术提高研发起点，并且要通过对专利制度的灵活运用，合法并自由（免费）地使用一些专利文献记载的技术。此处所述的专利技术利用的主要目标就是通过专利预警手段，分析在某一具体技术方向上可以自由使用的技术。由于专利保护的时间性和法定性，一般来说，超过保护期限的专利技术即进入公有领域而可以自由使用，因各种原因导致专利申请未授权或者授权后被宣告无效的技术方案也可以自由使用；而由于专利保护的地域性，那些在我国大陆地区以外申请的专利如果根据其申请所在国家/地区与我国缔结的协定或者共同参加的国际公约的规定而未能在一定期限进入中国大陆地区，已经不可能在我国获得专利授权，则其记载的技术可以在我国大陆地区自由使用。例如，一件日本专利申请，如果未能在优先权宽限期内进入中国，一般而言，其将不能再在中国获得专利权，其记载的技术方案可以在中国大陆自由使用，但仍要注意是否有紧密相关的同族或同系列技术已经在我国取得专利权。而那些正在审查之中的中国专利申请以及还可能再进入中国的外国申请就构成潜在的专利壁垒。

公知技术利用分析主要是从时间、区域，分析、整理出当前的专利壁垒、潜在专利壁垒以及可以自由使用的技术。事实上，大量利预警数据表明，在很多技术领域，企业可以在中国大陆地区自由使用的由专利文献记载的技术占到了全球总的专利文献数量的半数以上，这说明了合理利用专利文献避免重复研发、提高研发起点资源的丰富性。

8.2.2　成果保护专利预警

企业技术研发创新的目标是为了获得研发成果，并最终在市场上获得经济利益，但在市场经济环境下，如果研发成果不能以有效的方式得到保护，则会对企业带来巨大的损失。例如，在生物医药领域，为了获取针对某种疾病有显著疗效的药品配方，往往需要投入巨额的研发费用，需要科研人员付出数年甚至更长的时间进行反复的选择和试验，如果取得的成果不能得到有效的保护，投产之后被轻易地模仿而没有有效的救济途径，则可能导致企业巨额投入无法收回，也会严重影响企业研发创新的积极性。这充分说明，成果保护特别是以专利的形式保护研发成果的重要性，但是，在取得研发成果之后，具体保护哪些成果，如何确定保护的范围，怎样规划保护的时间、地域都需要在充分情报分析之后才可以做出决策，否则可能导致几种风险的产生：一是应专利保护而未保护；二是应取得更大技术范围的专利保护却只获得了较小的保护范围；三是应以企业实际结合市场竞争环境进行多梯度、拉网式的专利保护但却只获得了点状或线状上的专利保护，力度大大削弱。

防控成果保护阶段的专利风险，需要三个层次的专利预警工作介入：一是专利挖掘预警分析，主要化解应保护而未保护的风险；二是专利申请预警分析，主要化解未能以最大范围保护技术方案的风险；三是专利布局预警分析，主要化解未能形成体系化的保护网络而导致保护力度不够的风险。上述三类预警工作，将从实体上解决面对研发成果企业应当保护什么、如何保护、怎样更有效保护等三个问题。

当然，对于企业的技术研发成果，专利保护并不是唯一的形式，企业应当根据实际情况，选择除专利以外的其他形式，例如采用技术秘密等方式对成果进行有效保护。下面对这三类成果保护阶段的专利预警进行具体论述。

8.2.2.1 专利挖掘

专利挖掘的主要目标是以专利视角，对科研、生产成果进行剖析、整理、拆分和筛选，从而获取技术成果中具有专利申请和保护价值的创新点，并在合理推测和分析的基础上形成专利意义上的技术方案。从创新成果的有效保护角度来说，专利挖掘应当成为企业技术研发中的常态工作，但由于专利挖掘是一种技巧性很高的创造性活动，所以十分容易出现因为不当挖掘而带来的风险，因此，有必要从预警的视角来规划和管理专利挖掘。

针对涉及技术内容十分广泛的大型研发项目产生的研发成果，由于其成果可能涉及众多创新点，因此，专利挖掘至少应当包括两个步骤：一是从宏观层面进行专利挖掘预警，即根据当前的专利布局形势，分析技术发展趋势，从而选择专利挖掘路径，把专利挖掘的关注点放在重点方向、关键技术上，保障挖掘的效率，降低挖掘失败的风险。二是从技术层面进行创新点的发掘，主要有两种方式，一种是基于项目任务的挖掘方式，要从分解的任务模块入手，分析技术构成要素、剖析创新点，最后在对比现有技术的基础上形成技术方案；另一种是基于创新点的挖掘方式，即从一个创新点入手，寻找其关联因素，从而找到另一个创新点，以这种方式拉网式地发现众多的创新点，形成多个相关联的技术方案。从企业的角度来说，如果仅仅是一般性的研究项目，规模不大，技术不复杂，则可以直接从上述第二个步骤开始即可。专利挖掘工作是一种创造性很强的综合工作，本质上要求技术研发人员、产品工程师、市场营销人员与专利预警研究及专利挖掘专家形成紧密的配合团队，深层次充分交流之后才能实现挖掘目标。

专利挖掘中应当避免一些误区，例如，一个创新点就对应一个专利申请，技术人员自我评估认为没有实质性的改进或改进太简单就一定不能挖掘出可申请专利的技术方案以及中间的、不成熟的产品研发成果不必进行专利挖掘等。这些误区的消除将有助于企业研发成果得以最大限度的保护。例如，一些企业自认为不必申请或不能申请的技术方案被竞争方申请专利后反过来成为企业发展的制约因素。

8.2.2.2 专利申请

专利挖掘的成果形式一般表现为技术交底书。专利申请阶段的预警目标在于两个方面：一是要确认技术交底书中描述的技术方案是否具有可专利性，特别是一些企业认为比较重要的、要在不同国家或地区进行专利申请的技术，通过专利性分析，将有效降低盲目申请导致最终不能授权带来的费用、人力等资源浪费的风险；二是将技术交底书转化为专利申请文件中要积极规避因为撰写、翻译、绘图等问题导致成果不能充分保护的风险。

要先期针对技术交底书进行专利性检索和分析，初步确定技术方案的新颖性和创造性之后，再撰写申请文件；在申请文件的撰写过程中，要注意在说明书充分公开的基础上，形成多梯度、多层次的权利要求保护结构。如图8-3所示的权利要求保护结构，在独立权利要求之上，形成了多梯度的从属权利要求。针对同一创新点，根据情况可以形成包括产品、方法等在内的多组权利要求，每一组权利要求可以包含多个从属权利要求。这种结构化排列的权利要求将有效地避免实质审查、复审、无效等阶段申请人没有修改选择余地的风险，也将避免主张权利时不好取证、不好判定等利益损失风险。例如，计算机程序软件可以通过方法权利要求和装置权利要求两种方式获得专利保护，在同一申请中，就应当尽可能地写入方法权利要求和装置权利要求，而装置权利要求在被侵权时相对容易举证。

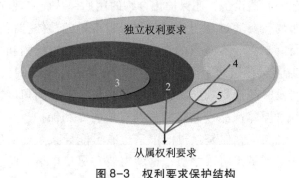

图 8-3　权利要求保护结构

此外，专利申请本身还有一个重要的风险防范功能，即防御性公开。企业可以通过将一些自己不必保护的技术申请专利，在申请被公开后选择放弃，这种方式将有效避免竞争对手就同样的技术申请专利并威胁到自己。当然，除了专利申请，企业还可以通过公开发行的其他文献防御性公开技术，据悉，IBM公司每年都通过其公开发行的刊物公开很多技术资料，但通过专利申请公开的优点在于申请后企业仍可以通过观察技术走向或市场趋势在一定的时间内（18个月）对是否就该申请继续维持进行取舍，也就是提供了一个犹豫窗口期。

当然，专利申请的流程中，还有关于期限、费用等各种要求，忽视这些要求也将导致专利申请不能被授权或权利被终止的风险，本书对这类流程情况不做讨论。

8.2.2.3　专利布局

如果说专利挖掘解决了保护哪些技术创新点的问题，专利申请解决了如何保护这些技术点的问题，那么专利布局就是要解决怎样将多个对技术点保护的专利申请有机地组合起来，形成一个有层次、有体系的网状保护格局的问题。形象地说，个体的专利申请好比在技术空白区域上打桩，而专利布局就是要实现多个桩之间有序化、集团化、阵列化排布，使得多个桩可以有机组合成网，通过这种整合来提升专利组合对于创新成果的整体保护功能，并增加其在市场竞争中作为组合拳头的攻击性。

专利布局要从三个层面上进行预警并规划：一是技术角度的布局，要通过对当前专利技术布局整体情况及重点技术路线的预警分析，尽可能在技术空白区打桩拉网，将重要的技术空白区尽可能地纳入专利保护范围，例如，在基础化合物专利技术周围排布多个外围专利，既保护化合物本身，又保护化合物的制造工艺、制造设备，还保护化合物的用途，从而实现立体式保护；二是空间角度的布局，要通过对企业当前和未来市场的整体分析，在全球不同国家或地区进行有选择、有重点的专利布局，例如，以美国和中国为重点市场的企业就至少应当在这两个国家进行专利布局；三是时间角度的布局，要通过企业技术研发时间规划和产品投放时间规划，从时间角度进行专利布局规划，例如，为了保障产品投放时能得到有效的专利保护，一般就需要提前两年左右进行专利布局，但是过早的申请也有可能导致企业研发和市场战略的暴露，给竞争对手带来可乘之机，这就需要在尽早申请以防失去先申请时机和过早申请而暴露市场动机之间进行时间平衡。

在专利布局实务中，实际上很难割裂技术、区域和时间三个布局要素，一般都是三者综合考虑。以苹果公司在智能手机终端技术上的专利布局为例，其不但有触控交互技术的专利布局，而且有手机外观的专利布局，不但在美国本土进行专利布局，而且在全球主要市场都有布局，并且一般来说，在每一款新的智能手机推出之前，其新的功能涉及的技术一般都已经超前进行专利布局。

8.2.3　市场运用专利预警

只有在市场竞争活动中，专利作为一种竞争要素资源的潜能才能被激活，才能发挥其作为保护企业创新成果的盾牌作用和作为进攻对手的武器作用。而恰恰也是市场竞争运用中，专利风险也表现得最突出、最直接、最迅猛，极端情况下，可能以专利诉讼的形式给企业造成巨额的经济损失，也可能因而丧失巨大的目标市场；但另一方面，也可以通过合理的运用为企业带来巨大的收益，提高企业在产业链中的竞争影响力。因此，市场运用专利预警的主要目标就是在全面排查企业市场经营活动专利风险的基础上，尽可能地为企业提供相对安全的竞争环境，并在此基础上，以对专利（制度）的灵活有效运用促使企业利益、收益最大化。

由于企业市场经营活动的多样性，其中涉及对专利的运用方式也丰富多彩，由此产生的专利风险形式也难以穷举。但总的来说，可以通过市场运用专利预警防范或规避与产品生产或投放相关、与专利相关的资本运作、与专利相关的人才技术流转等几类活动中的风险。其中，与产品生产或投放相关的专利风险主要是侵权或被侵权的风险，与专利相关的资本运作或人才技术流转中的风险主要是对方专利价值被高估或己方专利价值被低估的风险。

8.2.3.1　产品投产投放

产品投产投放专利预警基本等同于第3.2.2节论述的狭义的专利预警，其主要目标是规避或降低产品投入生产线或进入目标市场的专利风险，在取得技术研发成功之后，或产品正式上市之前提前研判市场竞争形势并具体分析产品侵权的可能性。如果在技术研发过程中持续跟踪竞争对手的专利布局并实时进行风险分析，则实质上已将产品投产投放的预警前置。

产品投产投放专利预警就是针对具体的技术方案或可能包含多个技术方案的产品进行侵权检索，寻找高度相关的有效专利或专利申请，判断是否对有效专利构成侵权，并将正在申请的高度相关专利作为潜在的风险来源进行持续跟踪，关注其如果被授权时是否带来侵权风险。当然，上述工作已经可以满足最低层次的产品投产投放风险预警要求，但仍然可以进一步进行的工作是对产品所属的技术领域进行全面的风险预警，从而在排查侵权风险的基础上全面了解本技术领域的整体专利布局态势及潜在的风险来源，即把点对点的风险识别扩大到面上。这部分工作类似于上一节论述的竞争对手专利预警，这里不再赘述。

产品投产投放专利预警一般会作出侵权、疑似侵权或不侵权等几种结论。当然，受数据检索条件的局限性、检索人员的专业程度、侵权判定人员的主观因素等综合条件影响，这种结论可能会与专利行政部门、法院等机关的结论存在出入，但即便如此，对基本事实的认定也有助于企业对专利风险的预判并及早设计应对预案。如果专利预警的结论是存在侵权或疑似侵权的风险，则为了规避风险或有效应对潜在的危机事态，应当根据危机管理的原则早期设计危机应对预案。

8.2.3.2 专利运营交易

专利权作为知识产权的重要形式，是一种无形资产，在市场经济环境中，专利权也在以与其他无形资产形式相同的方式进行交易、许可等权利流转，以质押、融资、入股等方式进行资本运作。其中，专利许可是指专利权人许可他人在约定的条件下使用专利，被许可人向专利权人支付专利许可使用费，专利许可的标的为专利使用权，不影响专利权的归属。从许可的形式来看，包括独占许可、非独占许可、排他许可、交叉许可、分许可、强制许可六大类。专利交易是指交易双方在平等自愿、等价有偿的基础上，买方以一定的经济方式取得他方专利权的行为，是企业进行专利资本运作和经营的主要形式。通过交易取得知识产权等无形资产是目前很多企业增强核心竞争力的一种开拓性战略。专利交易流转的日益活跃一方面反映了在不断优化的知识产权环境中社会对专利权价值的认同，另一方面也反映了专利作为一种竞争要素资源在市场中的优化配置趋势。图 8-4 示出了 Facebook 专利并购图，频繁的收购行为背后体现的是这个行业创新资源的快速流动。从微观角度来看，参与各方都从中获取了或实现了使用价值或价值，但在这一过程中，对于专利权的出让方而言，存在专利权价值被低估的风险，而对于受让方而言，则存在专利权被高估的风险。在极端情况下，出让人可能由于对自己专利权价值的估计不足而以低廉的价格出售专利权，或者受让方获得的专利权本身就不存在、即将到期或者已经无效，还有可能权属本身存在纠纷或只能在限制条件下行使，这些由于情报信息不准确、不对等所造成的不公平交易往往会使交易中的某一方蒙受重大损失。因此，专利交易流转风险预警就是为了通过对专利权交易流转中涉及的专利相关情报信息进行全面获取，以尽可能客观评估交易标的的价值，从而达到主动、有效维护己方利益的目标。

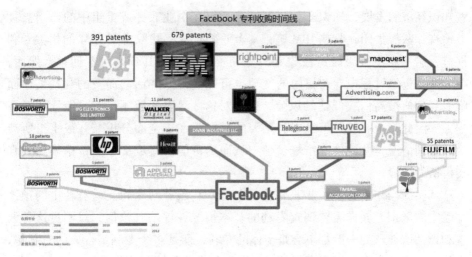

图 8-4　Facebook 专利并购图

专利交易流转预警需要完成两个层面的工作：一是全面调查交易专利的基本情况，包括专利权法律状态、专利权属状态、质押许可状态等；二是对专利价值进行评估。价值评估需要考虑多种维度的指标，包括法律因素、技术因素、市场因素等，对于由多个专利组成的专利包，则既要考虑单个专利的价值，例如，要对专利权稳定性、专利技术先进性、技术可替代性、专利权维持年限、相关产品的市场占有及其潜力情况等进行考虑，又要考虑专利组合后产生的溢出价值。然而，专利价值最根本的决定因素还是受技术供给和市场需求情况决定的，任何第三方的评估报告都只可能作为交易双方的参考。有关专利价值评估的方法，很多专著和文献都有探索性的剖析，本书不做详细讨论。以上述两个层面的工作为基础，可以对专利交易流转的风险进行全面的评估并给出综合防御策略。

专利权的交易流转目前在我国市场才刚刚开始，国外的高智模式也逐渐被引入我国，一些中国本土企业也开始通过专利收储、合作技术开发并申请专利等形式逐渐储备专利以形成专利包，并希望以这些专利包的许可或出售的专利运营模式而获得利润。总体来说，我国专利运营市场目前逐渐活跃但远未成熟，还处于起步的高投入阶段，受知识产权综合环境、市场成熟度、国外商业模式本土化程度的影响，专利运营市场的发展中也必然伴随着高风险，为了应对这种市场风险，专利预警与专利交易的结合未来会更加紧密。

8.2.3.3　企业兼并重组

企业竞争中"大鱼吃小鱼"的相互兼并是一种常态的市场竞争形式，随着知识经济的发展，知识产权特别是专利权在企业兼并或重组中的作用被日益重视。联想集团在收购 IBM 笔记本事业部时也一并取得了 IBM 的相关专利许可，诺基亚在遭遇破产被收购时专利资产仍可为其带来巨额回报。然而，企业兼并重组过程中专利权属的变动也可能使得兼并活动涉及的利益主体面临专利价值被高估或低估的风险，如果对这些风险预警不足，可能导致经济损失。因此，企业兼并重组专利预警的目标就在于全面分析兼并或重组所涉及的专利情况，并评估其市场价值，从而尽可能规避成交专利价格偏离其真实价值的风险。

从实际操作来看，企业兼并重组中的专利预警与专利交易流转中的预警并无本质区别，同样需要调查专利的基本情况并评估其价值，只不过这种调查和评估所涉及的一般都不会是个体的专利，而是多个专利组合成的专利包，操作中需要结合多种综合情报信息对专利包进行整体评估分析。

8.2.3.4　海外投资并购

随着我国企业在国际上竞争实力的日益增强，一些龙头企业不但将具有竞争力的高新技术产品打入国际市场，而且也开始在海外有投资建厂、兼并收购等商业活动，这些离开本土的商业活动除了面临常规的商业风险之外，也将不得不面临来自海外的知识产权风险。这种风险的存在，有时会成为企业海外投资成败的决定性因素，因此，企业应当在海外投资之前进行全面的知识产权特别是专利风险预警。预警的主要目标包括几个方面：一是对目标国家或地区的知识产权环境进行全面了解分析，特别是要对企业所属行业的技术在该国或地区的专利布局状况进行宏观风险评估；二是要对拟在该国生产或销售的具体产品进行侵权风险排查；三是要对在该国或地区的拟并购企业或合作伙伴进行专利现状分析，做到知己知彼。

在实际操作中，这种类型的专利预警可以包括针对特定国家、特定行业的竞争格局分析、竞争对手分析、专利侵权分析以及企业兼并重组分析等几个组合模块，是一种包括宏观面和关注点的全面预警分析，其结论可以作为海外投资并购决策支持情报的重要来源。

8.2.3.5　技术人才引进

在激烈的市场竞争中，企业突破一项核心技术，就可能带来巨大的市场机遇，而技术的突破，既要立足自身提升创新能力，又要开放包容积极学习。通过借鉴学习提高创新能力一方面可以通过技术的引进、消化和再创新来实现，另一方面，也可以通过对高端人才引进来实现技术的快速突破。事实上，高新技术企业之间的竞争归根结底是高端人才的竞争，人力资源已经成为一种重要的竞争要素资源。但是，在错综复杂的市场环境中，无论是专利技术的引进还是技术人才的引进都存在较高的风险，专利技术引进中的风险实质上就是专利交易流转中的风险，这里不再赘述。而人才引进的风险化解，专利预警也可以提供一定程度的情报支持。

专利预警在企业人才引进中的情报支持作用主要表现在两个方面：一是识别人才，即从相关的专利技术文献中找出和企业拟突破的技术最相关的发明人，并对其技术研究方向、研发产出效率等综合情况进行分析，结合外围信息，可以提出可供企业进行人才引进的备选信息，从而有效地锁定可引进的目标人选，规避盲目选择所带来的风险；二是评估人才，即对拟引进的备选人才个人进行有关专利技术、专利权权属状况分析，以防止待引进人才以虚假专利权人的身份或虚假发明人身份误导企业或因其被卷入某种专利权属纠纷而给企业带来隐患。图8-5示出了通过专利数据分析得悉的超硬材料领域的高端人才——我国台湾地区的宋健民。如图所示，宋健民在超硬材料领域有多项发明，涵盖材料、制品和应用三个环节，技术十分先进，也是江苏鑫钻等企业的创始人，无论从招商还是人才引进/合作角度其都应作为超硬材料领域的重点人选。

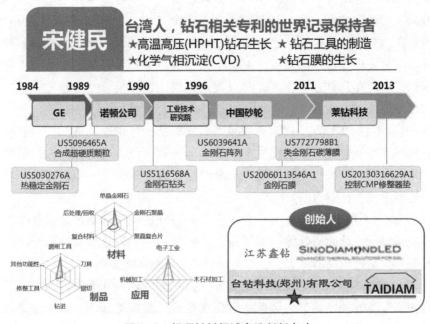

图8-5 超硬材料领域高端创新人才

8.2.4 专利危机应急应对

专利预警是企业专利危机管理的重要手段。根据危机管理的理论，无论是前期的风险识别、风险应对预案的制定，还是危机发生时的及时响应、有效应对，都属于危机管理的重要组成部分，也正是专利预警机制所要解决的风险预警和危机事件应急应对两方面的问题。本节将对企业层面的风险应对预案和危机事件应对进行论述。

8.2.4.1 风险应对预案

企业面临的专利风险包括宏观风险和微观风险。宏观风险是一种基本面风险，是一种常态风险，这类风险的消除或规避，不是一日之功，只能由企业从根本上逐步提高自主创新能力，从而达到消除内源性风险、规避外源性风险的最终目标。对于宏观风险，企业制定的中长期研发规划和专利战略就是一种应对方案。但对于侵权风险等微观风险而言，作为一种可能导致危机事态发生的具体风险，需要针对性地制定应对预案。一般来说，专利侵权风险的应对预案策略包括以下几个方面：

（1）主动进攻预案。主动进攻有两个层面：一是发现侵权风险之后，可以通过权利稳定性检索分析，获得带来风险的专利权可能存在不应被授予专利权的实质性缺陷的证据。以证据为基础，可以主动提起专利权无效请求，也可以在对方提起侵权诉讼之时提出专利权无效请求，达到主动扫清障碍的目标。二是发现侵权风险之后，主动检索分析竞争对手可能侵犯我方专利权的证据，从而在竞争方对我方提起侵权讼诉时，也可反诉对方侵犯我方专利权，以此迫使对方撤诉或达成和解。

（2）积极防御预案。面对侵权风险，积极防御是指通过证据的检索或搜集，找到支持企业所用技术构成现有技术的证据，或者找到先用权抗辩的证据，从而在竞争方提起专利侵权诉讼之时能够进行现有技术抗辩或先用权抗辩，达到不侵权抗辩目的。

（3）战略迂回预案。面对侵权风险，最保守的应对预案就是对技术方案进行规避设计，从而绕开障碍规避专利风险的目的。但这种策略可能会对企业研发人员提出较高的要求，也可能造成研发经费的重复投入。

（4）请求专利许可。企业市场交锋中，专利诉讼并非真正的目的，其背后反映了双方的利益博弈。因此，可以在综合考量应诉成本、市场战略等短期和中长期因素的基础上选择双方罢战合作，例如，通过接受专利许可、购买对方专利权等方式，达成合作，取得双赢。

上述几种侵权应对预案，有攻、有防、有避、有曲，共同组成一种多层次、多梯度的风险应对策略，在侵权应急事件发生时，企业可以根据实际情况选择启动一种或多种策略积极应对。

当然，企业专利风险中还有其他一些具体风险，这些风险一般并不会直接表现为应急危机事件。例如，专利交易流转中的风险，技术人才引进中的风险，这类风险并不会演变为应急事态，而只会给企业带来损失，其产生的原因一般就是因为情报的缺失，因此，只要充分发挥专利预警的情报支持功能，即可在前期化解这类风险而无须制订应对预案。

8.2.4.2 危机事件应对

当专利侵权风险以专利诉讼等的极端形式表现出来时，风险就转化为现实的危机，此时，企业应当及时进行危机确认、危机响应和危机处理等相关危机管理工作。当确认企业确实已经处于危机之中，如果已有针对性的应对预案，则可根据预设程序启动预案逐步响应，即综合运用进攻、防御、规避等策略，以达到利益损失最小化的目标；如果并没有应对预案，则应当立即开始运用专利预警机制搜集整理情报，及时制定出危机应对策略，策略的主要角度与应急预案相同，这里不再赘述。前文已提及，目前我国企业对于专利预警的认识，大多数都始于发生危机后的应对阶段，通过发挥专利预警的情报搜集和危机管理作用，帮助企业化解危机，也同时使得企业认同专利预警理念，并逐渐将专利预警工作贯穿到企业技术创新和生产经营全过程中。

8.2.5 综合管理专利预警

企业层面的专利预警工作包括两个主要层面：一是战术层面的专利预警，即前面提到的针对研发创新、成果保护、市场运用以及危机应对所进行的具有明确针对性的专利预警工作；二是战略层面的专利预警，即将企业技术研发、专利布局、市场开拓等综合情况置于产业发展、市场竞争的大环境之中，以明确定位、识别风险，从而对企业较长时期内的专利策略进行指向性规划的预警行为。企业战略层面的专利预警包括企业专利战略制定预警以及企业专利管理预警。

8.2.5.1 企业专利战略

战略是管方向的，所谓"运筹帷幄，决胜千里"，就正是在明确的战略方向指引下最终取得胜利的表现。围绕既定战略目标，只要符合整体的、长远的战略利益，则在具体的战役和战术中，可能不必过分在意一城一地之得失。军事战略如此，专利战略也是如此，在专利战已经成为市场竞争中企业交锋不可避免的常态形式时，企业必须要在对竞争环境、竞争对手及专利风险等情况进行全面分析的基础上，确定企业在市场竞争中的专利战略。一般来说，企业专利战略可以分为防御性专利战略、进攻性专利战略和攻防结合型专利战略三种类型。

（1）防御型专利战略是一种守势战略。根据对企业所属行业的发展及专利布局态势及企业自身的专利布局情况、行业地位、市场占有等情况的综合分析，明确行业专利风险及企业面临的专利风险，如果企业自身的技术及专利实力在行业中并不具有比较优势，例如，专利数量较少或者核心专利较少，还没有形成系统的专利布局阵列，因为受制于人或受到攻击的可能性比较大，则企业应积极申请、加强布局、做好储备并主要发挥现有专利的盾牌作用，以韬光养晦、积粮筑墙的精神积极维护企业在市场竞争中的安全。一般情况下，实施防御性战略的企业并不主动以专利战的形式出击竞争对手，但当企业利益受损或遭受攻击时，也会及时启动应对预案做好防御和还击。由于我国企业普遍在专利数量的积累和质量的提高方面还有待提升，并且专利实战能力也不强，因此，一般采取的都是防御性专利战略。这一点，从一些高新技术领域企业专利诉讼的形势中也可以看到。例如，如图8-6所示2011年前后华为在美国的专利诉讼形势（图中箭头所指为被诉对象），由图可见，华为公司在美国市场的专利战略就基本以守势为主。

（2）进攻型专利战略是一种主动出击战略。实施这种战略的企业往往会以专利为武器主动出击竞争对手或行业内的一般企业，通过主动进攻，在维护己方利益的同时，达到打击竞争对手、占领更大市场，从而获取垄断利润的目的。一般情况下，如果企业在行业内具有较强的技术实力、专利积累雄厚，在产业链中处于优势地位，与主要竞争对手之间没有实质性实力之分，就构成企业实施进攻型专利战略的基础条件。例如，通信领域的王牌企业高通公司，就通过主动的专利进攻获取巨额赔偿或者迫使对手缴纳巨额专利许可费，图8-7所示为2011年前后高通公司在美国的专利诉讼形势。随着专利运营在市场中的快速发展，目前一些拥有较强专利实力的非生产型企业也实施进攻型专利战略，通过专利进攻迫使行业内的企业缴纳专利许可费，由于这类企业自己不生产或销售产品，因此，很难被反诉侵权，成为在市场上拿着专利武器自由出击而自身却刀枪不入的所谓"非执业主体"（NPE）。

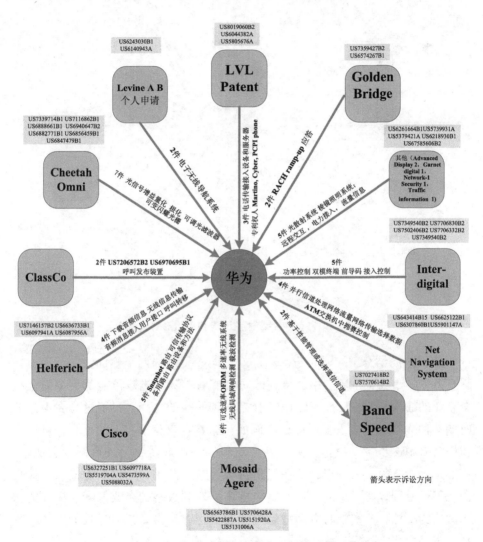

图 8-6 2011 年前后华为美国专利诉讼形势（部分）

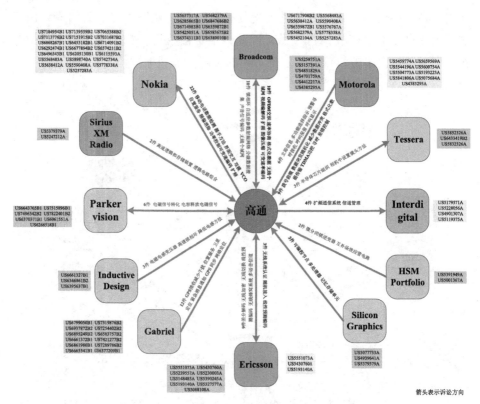

图 8-7　2011 年前后高通美国专利诉讼形势（部分）

（3）攻防结合型战略。防御和进攻是同一硬币的两个侧面，实际上，在瞬息万变的市场竞争环境中，单纯的防御或者一味的进攻可能都不会完全符合企业的战略利益，因此，攻防结合是一种明智的选择，只不过是在不同的时期某种战略取向会占上风而已。例如，随着企业竞争实力的增强，可以在积极防御中逐步主动出击，则防御型专利战略逐渐转变为进攻型专利战略，而如果企业竞争实力衰退，从积极出击转为被动防御，则也只能退而自保实施防御型专利战略。总的来说，实施进攻型专利战略的企业都会以良好的防御战略为支撑，而实施防御型战略的企业也应时刻做好战略进攻的准备，并在战术层面积极备战。

综上所述，企业专利战略的选择，要在全面专利预警的基础上及时获取竞争情报，并根据企业的战略利益选择专利战略方向，从而维护企业发展的核心利益。

8.2.5.2　企业专利管理

企业专利管理是在企业专利战略方向的指引之下，为保障战略的顺利实施而进行的包括专利机构设置、专利制度建设、专利人才培养、专利信息平台开发、专利预警及其情报利用、专利服务提供合作伙伴选择等一系列管理措施的制定及其实施。为了保障管理效能，企业专利管理的每一个环节也都应当在准确的内外部情报分析和风险排查的基础上配置管理资源并实施具体管理，这就有必要从风险识别和情报获取的角度开展专利预警，对比了解竞争对手的专利战略及其专利管理现状，及时调整专利管理策略，配备相应的人力物力资源，达到管理资源配备与专利战略目标相适应、管理效率质量与专利竞争环境相匹配的基本要求。例如，类比竞争对手，企业的专利管理机构在人员配备、信息平台及专利服务机构合作伙伴选择等方面处于明显劣势时，就应及时调整管理方式以规避管理风险，以防因专利管理差距而拉大竞争实力差距。有关企业专利管理的更多内容，限于篇幅，本书不做进一步探讨。

8.3 企业专利预警典型案例

8.3.1 研发创新案例[1]

【案例导读】

本案例属于第 8.2.1 节所述的研发路径选择专利预警，具体是为某汽车企业的技术研发创新排除风险，发现潜在的研发突破口，所应用的是专利预警的风险防范和技术情报提供功能。在具体分析模型上，主要通过对专利技术的深入解读，梳理技术路线，剖析竞争对手，并以对主要竞争对手的技术功效矩阵分析试图发现潜在的研发突破点。

【预警分析】

汽车安全气囊是汽车碰撞安全系统的重要装置，具有技术含量高、附加价值大等特点，经过几十年的发展，如今已经成为小型汽车的标准配置。在该技术领域，近年来的竞争也十分激烈，专利布局已经比较密集。本案例的背景是：企业研发创新前通过专利预警研究技术发展路线，在了解主要技术竞争对手专利布局现状的基础上寻找技术研发突破口。

根据上述需求，本预警分析中首先通过数据检索、清洗和标引获得全面准确的专利数据样本 3 万多条。以此为基础通过对核心专利技术的识别和梳理，形成了各主要技术方向的技术发展路线如图 8-8 所示，该图简要示意了从 1995 年以来的三个时间段内关键专利技术的申请人、技术主题等情况。

---

❶ 魏保志. 热点技术专利预警：汽车安全气囊分册［M］. 北京：知识产权出版社，2014.

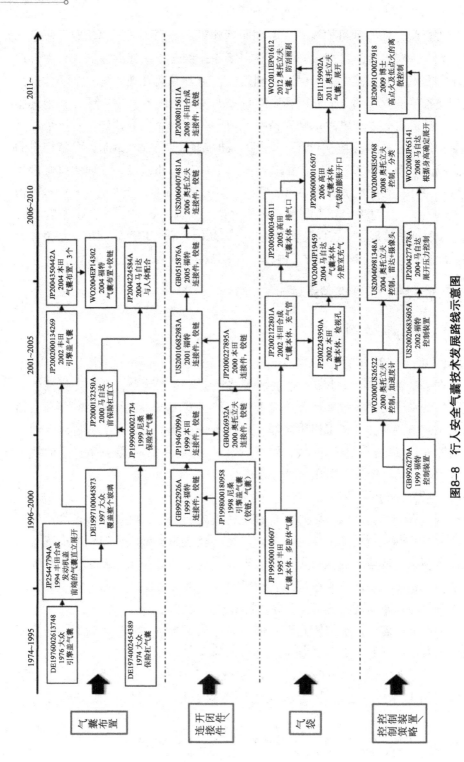

图8-8 行人安全气囊技术发展路线示意图

进一步地，通过对专利数据中有关申请人信息的挖掘，了解主要申请人在不同时间、区域和不同技术方向上的竞争情况，了解其研发方向的动态变化、关注市场的动态变化等。图 8-9 示出了安全气囊气体发生器技术主要竞争者专利布局数量随时间变化的排名变化情况，通过该示意图，可以从一个侧面了解主要竞争对手的技术研发和专利布局情况。

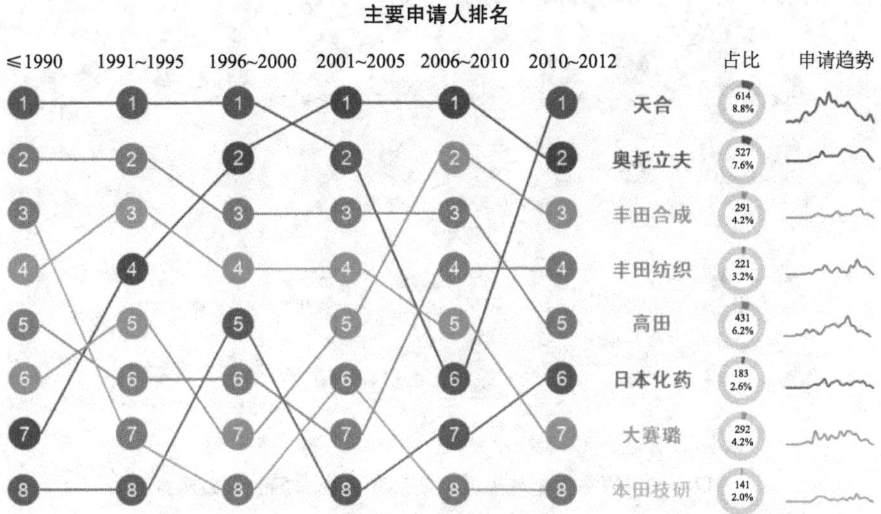

主要申请人排名

≤1990	1991~1995	1996~2000	2001~2005	2006~2010	2010~2012		占比	申请趋势

						天合	614 8.8%	
						奥托立夫	527 7.6%	
						丰田合成	291 4.2%	
						丰田纺织	221 3.2%	
						高田	431 6.2%	
						日本化药	183 2.6%	
						大赛璐	292 4.2%	
						本田技研	141 2.0%	

图 8-9　气体发生器技术主要竞争者专利布局情况示意

在对技术发展、主要竞争者进行分析的基础上，从技术研发的角度全面分析了不同竞争者为了解决安全气囊设计中的特定技术问题采用的各种技术手段。如图 8-10 所示，纵轴表示要解决的技术问题或达到的技术效果，横轴表示解决问题所采用的技术手段，纵轴与横轴的交汇点的大圆圈表示了专利申请布局的总体数量、内圈表达了下面列出的主要竞争者的专利申请数量，该图就是包含了竞争者信息的所谓的技术功效矩阵图。例如，左上角的第一个交汇点气泡说明，通过接触式乘员识别手段来提高反应速度的专利技术目前有 89 件，其中，重点关注的福特公司有 9 件。

图中圆圈较小的若干个交汇点有以下情报意义：一方面意味着采用这类技术手段解决技术问题目前还有待进一步的技术突破，而如果突破，则可能会在技术上取得一定的主动或优势；另一方面是采用这类技术手段解决技术问题技术上存在短期内无法逾越的障碍，即属于不可行的技术路径。

根据这些竞争情报、技术情报信息，技术研发规划部门和研发人员可以在综合判断之后选择符合企业技术发展战略的研发路线。

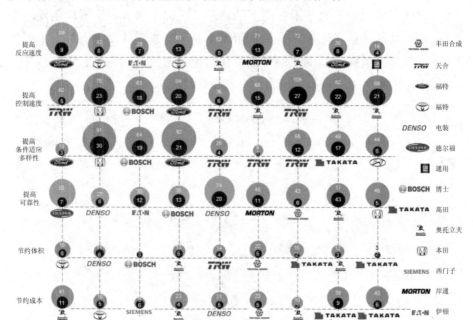

图 8-10　汽车安全气囊技术研发和专利布局突破口示意

【预警提示】

通过专利数据对技术研发路线、主要竞争者的分析，可以帮助企业了解技术发展动态，有效跟踪竞争对手的技术和市场布局策略，积极防范专利风险；同时，可以通过深入的技术解读，以技术功效矩阵等方式发现潜在的技术研发突破点，帮助企业进行技术研发路径规划。

8.3.2　成果保护案例

【案例导读】

本案例属于 8.2.2 节所述的成果保护专利预警，具体是某软件企业技术研发成果的专利挖掘和保护，所应用的是专利预警的风险防范和情报获取功能。在具体分析方法上，以对专利布局宏观现状分析为基础，深入解读核心技术，并以技术功效矩阵分析的方法试图发现潜在的专利布局机会点。

【预警分析】

如前所述，成果保护专利预警的主要目标是防范研发成果专利保护中的风险，使得应保护成果尽可能得到较为合理的保护。本案例以计算机软件领域的专利保护为例，介绍成果保护的专利预警案例。

　　关于计算机软件的专利保护，在国内外都经历了较长事件的争论，从世界上软件技术最发达的美国来看，20 世纪 70 年代之前，软件完全不作为专利保护的客体；随着计算机软件技术从程序设计、软件设计到软件工程，乃至于大规模软件工程的演进，软件技术的可专利性问题不断被提上议事日程。1981 年发生在美国的 Diamond vs Diehr 判例初步明确了软件与硬件的结合可以成为专利保护的客体；1998 年 Signature vs State Street 判例进一步肯定计算机软件技术的可专利地位。我国专利局近年来也开始将利用技术手段实现技术效果的计算机软件技术作为专利授权的客体。

　　长期以来，计算机软件的知识产权主要依靠著作权来保护。但是，著作权保护和专利保护软件有着显著的不同，除了一般意义上的保护期限、权利取得方式等不相同之外，由于计算机软件有自己鲜明的特点，例如，低研发成本、高开发成本、容易扩散、容易复制等，使得在一定条件下，软件著作权的保护并不足以保护软件开发者的研发成果。例如，软件著作权保护的是软件著作的表达形式本身，而并不保护著作中的创意，如果用另一种程序设计语言模仿了实现同样功能的软件，则并不属于著作权的侵权；然而，专利保护的则是关于软件的方法流程或程序功能模块，并不考虑具体的软件程序实现的表达形式，这使得通过专利来保护软件成果可以实现比较充分的保护效果。

　　客观地说，中国的软件产业几十年来取得了长足的进步，但相比美国、印度、日本、欧洲等软件产业发达国家或地区而言，我国软件企业在软件设计技术本身以及软件工程管理方面，都还有很大差距。在中国专利局开始授予软件技术专利之后，跨国公司纷纷开始在中国进行软件技术的专利布局，例如，微软、英特尔、IBM 等每年都有大量的软件技术专利申请，这对我国软件企业的成长带来了巨大的专利风险，而与此同时，我国软件企业要么并不重视软件技术的专利申请，要么由于软件专利挖掘、申请和布局的能力不足，导致大量应保护的成果未被及时保护。

　　以我国某语音识别技术的研发企业为例，其前期投入巨大的研发资源进行技术研发，掌握了语音识别的一系列核心技术，并通过软件开发独立设计出具有较高精度的语音识别软件应用程序，并和很多跨国企业进行合作，软件迅速在不同国家和地区得以应用。为了防止该软件技术研发成果未能充分保护或申请专利但保护不力的风险，该企业通过积极的专利预警分析，了解了当前该领域的专利布局现状。如图 8-11 所示，该技术功效矩阵图显示了语音识别软件处理技术当前的专利布局热点和空白点，结合企业自己的软件处理方法，成功挖掘并在国内申请了一系列通过云处理方法进行连续识别的计算机软件方法发明专利，这些技术正是企业的核心技术，从而有效保护了企业自己的核心研发成果。

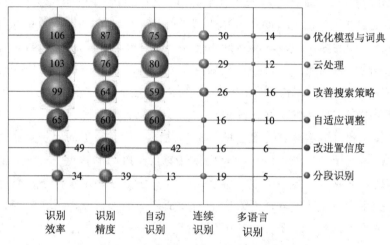

图 8-11　语音识别专利技术功效矩阵

应当说，该企业进行软件技术成果的专利挖掘、申请和布局活动是值得充分肯定的，但其在软件技术专利申请的时机、区域、技术等方面的把握，却存在一定的风险。

首先，软件技术专利挖掘申请的时机把握并不恰当。对于软件企业而言，从大的时机来说，无论企业软件工程管理水平处于何种阶段，都应当积极进行专利挖掘布局；从小的时机来说，从软件概要设计到测试维护的任何一个阶段，都可成为专利挖掘和申请的时间点，并不一定要等到软件完全开发完成。

其次，由于该软件已经具有全球化的应用趋势，为了达到充分保护的目的，就应当在不同的国家和地区进行专利申请，仅仅在国内申请并不能够充分保护成果及相应市场。

此外，该企业在通过专利预警分析区域主要专利布局机会点信息之后，仅仅就自己最核心的技术申请专利，而并未就相关的外围技术申请专利，没有形成网状保护格局，未来也会带来潜在风险，导致这些核心技术不一定能得到充分保护。相反的例子是，高通公司在一项涉及通信网络身份认证技术上的专利保护上，其围绕该核心技术，时间上连续就相关技术进行布局，空间上遍布全球主要国家和地区，由此形成了一个庞大的保护体系，使得即便该核心专利时间上到期，也由于外围专利的存在而继续保有较大的专利保护范围，甚至不影响其保护效果。

【预警提示】

专利预警提供的技术、市场等竞争情报信息，一方面有利于企业发现专利布局机会点，包括技术、时间、区域等不同维度的机会，另一方面也可以帮助企业在知彼知己的基础上，不断优化自身的专利布局策略，形成全方位的专利保护网络，防范应保护未（充分）保护的风险。

8.3.3　市场运用案例

【案例导读】

本案例属于第 8.2.3 节所述的专利运营交易方面的案例，具体是通过专利数据的分析发现移动互联网企业间专利风险产生的技术关联线索，并据此为专利运营提供数据线索。具体数据分析方法采用专利文献间的引证关系，揭示企业之间的技术依赖关系，从而发现潜在的专利风险，并为专利运营提供关于供需双方信息的情报线索。

【预警分析】

图 8-12 根据专利技术的引证关系揭示了移动互联网领域多家企业之间专利技术上的相互依赖关系。以任意两家企业为例，箭头线段起点上的企业在技术上依赖于箭头线段终点上的企业，可以看到，在该领域，企业之间有十分复杂的专利技术依赖关系，任何一个企业，都不太可能不依赖其他企业的专利技术而独善其身。因此，从企业专利预警的角度来说，自己在专利技术上依赖的那些企业，往往是自己的竞争对手，由于对这些竞争对手的专利技术可能有依赖，而这种依赖可能导致专利侵权的发生，因而需要高度地关注，必要时需要取得其许可或将其作为专利技术购买的对象；反过来说，如果自己的专利技术被其他企业所依赖，那么这些企业将可能是侵犯自己专利权利的企业，因而也可能成为潜在的专利许可或专利转让对象。因此，在市场运用中，对专利技术的依赖关系的梳理和关注，是一种快速捕捉专利风险的有效线索。

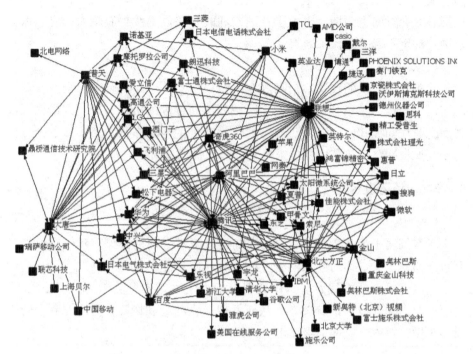

图 8-12　移动互联网产业企业专利技术依赖关系

　　图 8-13 示出了腾讯在移动互联网领域的部分技术依赖关系。图中，单向箭头表示起点企业在专利技术上可能依赖于终点企业；双向箭头表示相互依赖；线段粗细表示涉及依赖关系的专利技术数量。由图可见，腾讯的专利技术实施对多家企业有依赖；其也与多家企业有相互依赖关系；小米、宇龙和中国移动等企业在技术上对腾讯有一定的依赖。上述关系揭示了可能使腾讯面临侵权风险的专利权拥有者，也提示了可能侵犯腾讯专利权的潜在侵权者。综合考虑市场运行实际情况之后，这些关系可以为进一步专利运营等市场活动提供情报支撑。

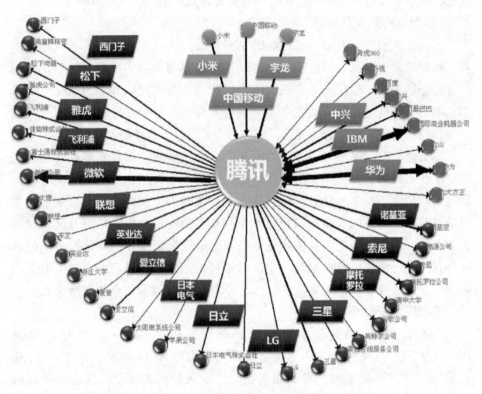

图8-13　腾讯在移动互联网领域的部分技术依赖关系

【预警提示】

市场竞争中专利运用的方式千变万化，其中的风险及其应对也难以一一列举，但这些专利风险的产生和演变，并不是孤立的，通过专利预警数据分析的方法，可以辨识企业间专利在技术上的关联性，继而发现专利技术上的相互依赖关系，即一项技术的实施可能要基于另一项更为基础的技术，这通常会成为企业间专利竞合的直接诱因，也是市场竞争中发现竞争对手、寻求合作伙伴、发现专利风险、寻求应对之策的有效线索来源。

8.3.4　产品出口案例

【案例导读】

本案例属于第8.2.3节所述的产品投产投放专利预警，具体是对某个手机制造企业的产品出口海外市场进行侵权风险分析，所应用的是专利预警的风险防范和危机管理功能。在分析方法上，主要通过宏观分析了解市场环境，通过侵权分析排查可能的侵权风险，并针对性地提出风险应对策略。

【预警分析】

产品正式投产、上市、出口前的专利预警，可以说是产品专利风险得以自主可控的最后一道关口。随着中国制造产品逐渐向技术密集型转型，我国企业生产制造的产品在海外遭遇知识产权特别是专利侵权诉讼的风险不断增加，而为了降低这种风险，在产品出口之前对产品可能在出口目标国家遭遇的专利侵权风险进行分析，提前做好应对预案，就显得十分必要。

本案例就是我国某电子产品制造企业在成功研制一款具有多点触控功能的电子产品之后，在量产和出口之前进行的专利预警工作。对于这类具体产品的出口预警，具体预警分析可以从宏观和微观两个层面进行，宏观层面主要通过对出口目标国家多点触控技术专利布局情况的分析，了解专利布局的整体态势、主要竞争对手及技术热点情况；微观层面主要针对该款产品的具体创新点进行侵权风险检索与判定，对于可能带来侵权风险的有效专利，还要进一步通过检索设计现有技术抗辩、专利权无效请求或重新做规避设计等风险管控综合策略。

在本案例中，通过宏观层面预警分析，初步明确了在目标出口国家——美国多点触控技术的专利布局情况。由图8-14可见，苹果、LG和三星是这项技术最主要的专利布局企业，深入分析还发现，当前在多点触控技术上，专利布局的热点是通过触控轨迹实现文件管理功能等相关技术。了解宏观层面的信息之后，在分析该款产品关于多点触控的技术方案之后，针对该方案进行目标国家侵权检索，结果发现两件可能带来高侵权风险的有效专利。通过技术特征比对，根据美国关于侵权判定的有关法律规则，初步判定对其中一件专利可能构成侵权。面对潜在的侵权风险，为了做好风险应对预案，针对该件可能带来侵权风险的专利进行了全面的检索和分析，最终找到一篇对该专利权利要求稳定性构成明显威胁的现有技术文献，未来如果侵权风险转化为现实的专利诉讼危机，则该企业既可以以该文献披露的技术内容为依据进行现有技术抗辩，也可以以该文献为基础提起专利权无效请求。

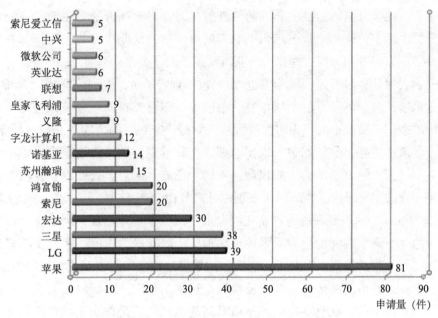

图 8-14　多点触控技术美国专利布局态势

【预警提示】

上述防止产品出口侵权的专利预警，宏观分析部分并非必需，也可以只针对性地分析具体产品是否有侵权风险，并设计危机应对策略。但是，通过宏观层面的风险预警，企业一方面可以针对性了解目标市场的专利布局宏观态势，掌握基本竞争环境情况，另一方面也可以针对性了解主要竞争对手的专利布局和技术研发情报，明确自身技术和产品定位，对于后续提高研发起点、寻找进一步的研发突破口也有一定的帮助。

8.3.5　危机应对案例

【案例导读】

本案例属于第 8.2.4 节所述的专利危机事件应对，具体是针对一家企业在欧洲被诉专利侵权的应对策略介绍，主要应用了专利预警的危机管理功能。主要应对策略是全面了解危机发生国家或地区的专利法律，积极寻找可能的救济途径，策略性地选择具体应对方式。

【预警分析】

有人戏称在中国重视知识产权的企业只有两种，要么是吃过苦头的，要么是尝过甜头的。话虽比较极端，却真实地反映了中国企业对于知识产权特别是专利工作的普遍不了解或者不重视。而那些为数不多真正重视专利工作的企业，往往可能始于被迫卷入的专利危机，在以专利诉讼为主要形式的专利危机事件中，企业才真正意识到专利的重要性，从此将专利工作作为一项重要工作，将专利预警工作作为企业风险预警而常态化。

古人说"亡羊补牢，未为迟也"。当前期预警不足，专利风险转化为现实的危机事件时，仍可通过专利预警的手段予以信息支撑而积极有效应对。这方面的案例不胜枚举。我国东南沿海某省份有一家著名的生物产品制造企业，其产品质量较好，价格竞争力也比较强，产品远销欧洲，为企业带来了丰厚的利润回报。但市场上的一帆风顺，使得企业麻痹大意，长此以往并没有认识到潜在的专利风险，也并没有在国内外进行相关产品的专利申请。

2005 年，一款新开发的产品在欧洲市场的销量快速增加，当地企业市场份额急速下降，欧洲企业为了维护市场地位，以我国的这家企业侵犯其多件欧洲专利权为由将我国企业告上法庭，如果侵权成立，则该企业将面临道歉、赔偿和停产的严重后果，直接经济损失会达到两亿多元。面对攸关企业生存的专利危机事态，企业在经历了一段时间的慌乱之后最终决定积极应诉。通过专利分析的方法寻找恰当的应诉策略，最终发现，欧洲这家企业诉讼专利侵权最核心的一件专利刚刚获得授权，尚处于 9 个月的异议期（社会公众可以就其不应被授予专利权提出意见），该企业抓住这一时机，积极提起专利异议。由于证据检索充分，在经过几轮交锋和当庭质证之后，该专利最终被欧洲专利局宣告不能被授予专利权，由此扫清了本次专利诉讼中最大的障碍，这家欧洲企业最终同意庭外和解，由此成功化解了一场巨大的专利危机。

危机事件之后，这家企业痛定思痛，开始将专利工作作为企业重中之重的工作，制定专利战略，加强国内外的专利布局，开展专利预警，跟踪国内外的竞争对手。经过近 10 年的积累，该企业现已经拥有国内外专利 200 多件，基本覆盖了其主要产品。常态化的专利预警，不但防范了风险，而且为该企业的技术研发和市场拓展提供了积极有效的情报支持，发挥了专利在企业走出国门发展壮大中的领航护航作用。

【预警提示】

专利危机事件的发生可能会对企业产生致命的影响，这提示企业，在进行重大的产品市场投放活动之前，应当进行积极的专利预警并做好全面的应急应对预案，一旦风险发生，则可从容应对。当不期而至的专利危机发生时，也应镇定冷静，全面了解当地司法环境和司法程序，积极搜集有效证据，从多方面寻找有效应对之策。

8.3.6　综合管理案例

【案例导读】

本案例属于第 8.2.5 节所述的专利管理案例，具体是针对某大学的专利管理漏洞问题，揭示专利管理策略和程序对于创新主体的重要性。

【案情分析】

我国中部某大学专利申请总量在全省名列第二，特别是在装备制造技术上拥有较强的技术创新实力，专利质量较高。该校 2008 年申请的一项液压挖掘机动臂势能回收技术专利于 2012 年获得授权。通过专利数据分析发现，该项专利被美国等国家的装备制造跨国公司在专利文献中作为技术基础文献引用 40 多次，这客观上反映了该技术的基础性，也揭示了该技术的潜在产业价值，如果该技术能够得到产业孵化，或者仅仅作为一项专利权许可或转让，都可能会为该校带来较大的市场收益。然而遗憾的是，2012 年 12 月，该专利因欠费而导致专利权失效。

【预警提示】

高价值专利技术被不当放弃，背后反映的是专利价值意识的淡漠和专利管理策略的缺失。这提示，以高校为典型代表的与市场竞争存在一定距离的创新主体应加强专利管理工作，通过实施有效的专利管理标准体系，建立专利申请、维护、运用、放弃等论证预警机制，开展专利价值评估，促进专利转化，避免高价值专利不当放弃。

8.4　跨国巨头专利运用的预警启示

在知识产权特别是专利日渐成为市场竞争主要武器的大背景下，企业特别是一些娴熟运用专利制度的跨国企业往往通过技术创新、专利布局、专利并购等行为不断增强其通过专利控制技术、产品继而达到控制市场的能力，另外也通过专利诉讼等方式强化其专利控制力，达到控制市场、取得高额利润的目的。而在这一过程中，为了降低从技术创新到专利布局，从专利并购到专利诉讼等过程中的专利风险，企业往往进行全天候专利预警，时刻了解专利布局态势，紧密跟踪竞争对手，严密防范专利风险。以下简要介绍几个跨国企业专利运用的案例，并揭示其对专利预警工作的启示。

8.4.1　高通公司

在移动通信领域，高通公司可谓不折不扣的"西楚霸王"，而高通霸主地位的确立，专利之功首屈一指。2013 年，高通芯片和专利许可费收入总计 243 亿美元，其中近一半来自中国，专利许可业务收入占总收入的 30%，但利润占比达到高通利润的 70%，为芯片业务的两倍。高通的成功不是偶然的，它是在市场竞争中高超娴熟应用专利制度最大化公司利益的典范。

从高通公司 1985 年成立伊始，其就将公司的主要业务目标锁定在无线通信领域的高新技术研究与提供上，仅涉足基础芯片等十分有限的实体产品领域。可以说，高通的成功，也在一定程度上归因于其"因为专注，所以专业"。高通公司在无线通信领域的技术，往往都是这一领域的基础性技术，因为先进并且不可替代，所以一经研发成功，就迅速被行业广泛采用，成为事实标准。而这些技术早已被高通公司进行严密的专利布局，当其被采纳为国际标准时，产业中任何标准的实施者、使用者都必须要通过向高通获得许可方可实施其技术，达到了不战而屈人之兵的战略效果。由此，高通站在了产业链的制高点上，在产业生态的金字塔上，源源不断地攫取来自产业下游的利润。

为了维护其对技术、对产品乃至对市场的控制权，高通公司对行业技术的发展进行紧密的跟踪，一旦发现有更先进的（专利）技术，就尽力通过多种手段将其收入囊中。高通在其技术壮大的历程中，以企业并购或（专利）技术收购等方式不断维护着技术领域的领先地位，走过了一条兼收并蓄、有容乃大的技术发展路线。

2012 年的数据分析显示，在第四代移动通信（4G）领域，高通在 OFDM 等十几项关键技术上的专利拥有量，在全球排名都居于前三位。数量的优势并不绝对意味着专利的控制力，进一步分析发现，在 4G 技术的 1000 件重要专利中，高通拥有 118 件，而深度分析这 1000 件重要专利中的 100 件核心专利，发现高通公司拥有 40 件，这一数据充分说明了高通公司不但在专利数量上，而且在质量上拥有着对产业技术的充分控制能力。

高通公司一方面紧密跟踪技术发展，另一方面也密切监控竞争对手的专利布局情况，一旦有可能威胁高通技术统治地位的专利申请出现，高通也尽力通过例如欧洲专利异议等途径防止竞争对手的专利授权或者尽力缩小其授权范围。图 8-15 显示了 2012 年前后高通在欧洲的专利异议情况。高通还通过专利诉讼等方式积极阻止竞争对手的专利侵权行为，维护其专利控制地位，不断以专利权为依托攫取更多的利润。

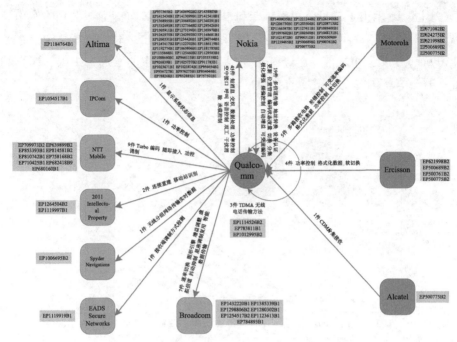

图 8-15　高通公司 2011 年欧洲专利异议形势图

庞大的专利数量，顶尖的技术质量，垄断的市场地位，似乎造就了一个铜墙铁壁的高通，然而，高通公司真的无懈可击吗？其实，高通也有"兵败滑铁卢"之时，在经历漫长的专利较量之后，2009 年 4 月，高通公司宣布，将分 4 年向博通（Broadcom）公司支付 8.91 亿美元现金，和解双方在全球的手机技术专利纠纷。从两个公司的实力上来看，博通的量级与高通还有较大差距，但博通的胜诉，如果抛却其他因素不考虑，仅从技术角度考虑，足以说明在无线通信这样的高新技术领域，没有永恒的技术霸主，只有永恒的技术创新，谁拥有最先进的技术，谁掌握先进技术的专利权，谁就会笑在最后。

8.4.2　苹果公司

一颗被咬掉了小半口的"苹果"，引发了人们的无限遐想。就是这颗缺了一块的"苹果"，在天才的乔布斯手里，却创造了伟大的"苹果"时代，缔造了一个庞大的"苹果"帝国。苹果帝国的成功，有方方面面的原因，但一条不可或缺的原因却正如乔布斯所说"我们已经为我们的产品申请了专利保护"，"专利"为"苹果"筑起了一道篱笆墙，牢牢保护着苹果的创新成果，保护着这个移动互联网时代的天之骄子、市场新贵。苹果是如何运用专利的呢？

图 8-16 示出了苹果公司历年专利申请情况。2007 年是苹果公司专利申请数量的峰值之年，而 2007 年正是苹果第一代手机推出之时，也就是说，在苹果 iPhone 手机上市之前，已经基本完成了以美国为主的欧洲、中国、澳大利亚、日本、韩国等全球市场的专利布局。

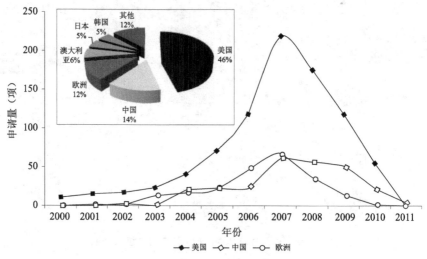

图 8-16　苹果公司专利申请趋势图

苹果大多数技术方向的专利申请基本都是在 2007 年达到数量顶峰的，其中申请数量最多的是人机交互技术（参见图 8-17），对于苹果来说，这也是其最吸引消费者的核心技术。事实上，iPhone 以多点触控为代表的人机交互技术，正是让全球"苹果粉丝"着迷的亮点。

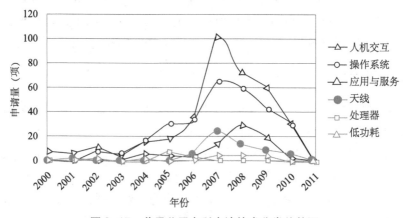

图 8-17　苹果公司专利申请技术分类趋势图

专利数据记录了多点触控技术上的激烈竞争，拥有该技术相关专利的跨国巨头包括苹果、三星、LG等，而当该技术成为支撑手机产品最大的市场卖点之一时，激烈的竞争似乎难以避免相互的碰撞。2012年8月，美国加州圣何塞法院宣布三星侵犯苹果公司多项专利，需向苹果支付10.51亿美元赔偿金，而苹果未侵犯三星任何专利，无须赔偿。事实上，苹果与三星的专利大战已经持续多年，双方在各个技术领域展开激烈角逐。但就这次导致巨额赔偿的专利诉讼而言，苹果公司起诉三星侵权的专利主要是外观专利和涉及多点触控等人机交互方面的专利。而应当引起我们注意的是，三星虽然也拥有这一技术领域的相关专利，但其反诉苹果侵权的专利，却主要集中在移动通信的网络技术上，而这正是三星公司的技术强项和苹果公司的弱项，这提示我们，专利战中"以己之长，攻人所短"而非"以其人之道还治其人之身"也是赢得战争的基本策略之一。

事实上，从苹果公司的技术成长历程来看，其也与高通公司有相似的经历，即在技术发展中兼收并蓄，通过企业兼并、专利收购等方式增强其技术实力，或者快速切入另一技术领域，从而在产品上保持旺盛的创新活力。例如，2005年苹果公司收购了数项手势识别相关的专利技术；2009年收购了地图和流媒体相关的专利技术；2010年收购了语音搜索（Siri）相关的技术，如图8-18所示。而我们不难发现，每一次收购之后，苹果都会在其产品上提供相应的技术功能。这一方面说明，技术并购对于新产品新功能具有快速支撑作用，另一方面也提供了一条通过行业引领型企业的专利并购行为预测未来市场产品热点的方法。事实上，在专利预警工作中，这一方法已经屡试不爽，是通过专利方法预测市场产品走势的基本方法之一。

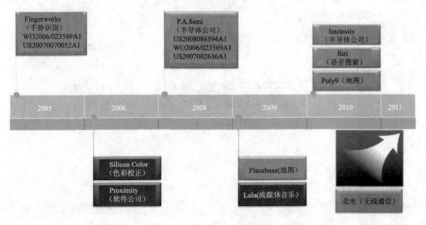

图8-18 苹果公司专利并购和企业收购情况

苹果与三星的专利大战，只是移动互联网领域的冰山一角，图 8-19 示出了苹果与多家企业之间的专利诉讼关系。在这一领域，每天都上演着"恩怨复杂"的专利战，譬如苹果与三星，一面对垒，一面合作，专利战只是手段，不是目的，专利战的背后，是激烈的市场争夺。支撑专利战的，是各自强大的专利情报及决策支持系统，收集信息、分析信息、研判信息，防御与出击，和解与逐鹿，这也是逼真的信息化战场。没有专利预警系统的专利战争一方，注定是要打一场不对等的战争，而且结果也不难预料。

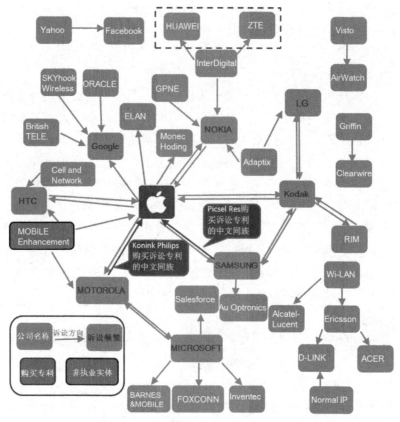

图 8-19　苹果公司专利诉讼形势图

8.4.3　专利预警启示

高通与苹果的专利运用案例，一方面显示了发达国家的跨国企业对专利运用的高度重视，另一方面也反映了其运用专利规则的灵活性和全面性。在这其中，既有一般性的专利制度运用，更有基于专利信息的情报分析和风险预警，这对于我国企业而言，是难得的活教材，给我们的启示也是深刻的。

8.4.3.1 专利是不战而屈人之兵的战略性武器

高通公司积极进行专利布局、跟踪预警竞争对手、努力提升专利控制力，继而以标准与专利相结合的战略取得行业的技术、产品乃至于市场控制地位的实例充分说明了企业要取得技术竞争基础上的市场竞争优势地位，就必须首先有一定数量的专利武器，解决从无到有的问题；其次，要努力掌握可以出奇制胜的核心专利武器，仅仅拥有专利还不够，还必须拥有本技术领域的核心专利，即要提升专利布局的质量；并且，要在数量增加、质量提升的基础上，努力寻求拥有可以不战而屈人之兵的标准中的专利武器，通过增强行业标准制定的话语权，将企业专利纳入行业标准乃至国际标准，从而在最大化企业利益的同时，以优势地位降低企业专利运用的风险。

8.4.3.2 应对专利战的上善之策是谋定而后动

专利战已经成为专利权所有者实现其权利的基本途径之一，因此，专利战也是市场竞争的常态行为，我国企业应当适应这种竞争态势并积极备战。孙子说"夫未战而庙算胜者，得算多也"，因此，应对专利战的上善之策就是从战略上做到谋定而后动。具体来说：①要有长远的专利战略，企业应当将专利战略上升为公司发展战略的一部分，着眼于外部和内部环境，全面评估优势、劣势、机遇和挑战，确定公司专利工作的总体目标和基本路径。②要有先期的专利布局，企业要在专利战略总体指引之下从基础做起，积极进行专利挖掘、申请和布局，必要时，还需要收储、引进专利技术，形成企业专利保护网，比如苹果的超前专利布局和专利收储。③要有实时的专利预警，专利风险作为一种悬而未决的状态，转化成危机的时间并不能确定，因此，专利预警必须作为企业一种全天候的防御策略，唯有如此，才能有效防范或应对突如其来的应急事态。2011 年 4 月 28 日晚间，大多数中国企业开始沉浸在"五一"假期即将到来的节前气氛中，中兴通讯却意外收到一份特殊节日"大礼"——中兴的中国同行华为在德国、法国和匈牙利针对中兴发起诉讼。华为在起诉中称，中兴侵犯了华为的数据卡和第四代移动通信系统（LTE）专利，此外，中兴还涉嫌未经授权在产品上使用华为注册商标。忽然被华为起诉，中兴在惊诧之余却能够迅速启动应急机制，仅仅 20 个小时后，中兴在国内对华为提起反诉，指控华为侵犯其 LTE 若干重要专利，"中华之战"一夕爆发。笔者无意于评价这两个同质化竞争激烈的民族企业为争夺市场而进行的专利战背后的是非恩怨，仅就这一事件中的中兴迅速反诉华为这一细节而言，我们难以想象一个没有专利预警机制的企业能够在短短的 20 小时之后做到迅速反制强大对手的部署，显而易见，中兴的专利预警系统一定是全天候、全方位的，而这正是专利预警最本质的要求。④要有预定的攻防策略，仅仅有预警机制还并不全面，还需在预警到危机事态发生时，有能够迅速启动的应急机制。中兴在被诉侵权的危机事件面前，从容不迫地有效应对，准确稳健地出击对手，就反映了其危机管理程序中已经包含了完整的应急事态应对预案，而这也是应对危机的应有之义。

8.4.3.3　专利战中需要多层次多策略防御出击

如果说，"谋定而后动"是从战略上做好专利战争的防御准备，那么，企业还应当在战术层面积极学习和积累，灵活运用各种策略，运筹帷幄而决胜千里。当专利风险不可避免地转化为专利危机即专利战之时，企业应当在防御战略的总体指引之下，排兵布阵，积极应对，在力争取得一场场战斗胜利的基础上取得专利战役的全胜。事实上，专利战本质上和军事战争并无区别，它是企业间交锋的极端形式之一，因此，在专利战中，一面是刀光剑影的实力交锋，一面也是纵横捭阖的策略运用。从企业专利战中，我们可以看到，采用防御性专利战略的企业往往以守势为主，不主动出击，其也可以在以逸待劳中实施防御的手段；有的企业也会采用远交近攻的方式结成统一战线，主动出击一定时期的竞争对手，华为在欧洲战场联合一些跨国公司对中兴发起专利战正是远交近攻的绝好例证；在专利战场上，也没有永恒的胜利者，有的时候，企业需要审时度势，放弃当前的战场，不能恋战，例如，放弃非主营业务、非主流技术等，从而以战略迂回的方式赢得战争主动权，当然，最终的目标仍是市场利益的最大化。由此可见，全球化背景下的专利战场也是诸侯逐鹿的大战场，生存和利益最大化也是永恒的主题，而在这场没有硝烟，却也是你死我活的专利战争背后，同样需要斗智斗勇、用计用策，仅有匹夫之蛮勇，或者仅靠雕虫之小技，都难以取得最终的胜利。

8.4.3.4　专利战的支撑力量是企业的创新能力

本书开篇即论述了产业崛起与技术创新。产业崛起离不开技术创新，而技术创新也已经无法离开专利制度的护航，专利制度在保护创新成果的同时，也不可以避免地带来了专利风险，专利风险的存在，呼唤专利预警机制的全天候伴随。然而，风险防范在整个产业崛起、技术创新和专利制度运用的过程中，仅仅是战术层面的防御和应对，是治标而非治本，专利风险、技术创新风险的降低归根结底还要靠技术创新本身。对于企业而言，一是要努力增强自主创新的能力，突破关键技术；二是要学会消化、吸收先进技术，然后在此基础上增强再创新的能力；三是要在技术创新的过程中，增强创新成果转化为专利攻防体系的能力。而上述过程，本身就是循环往复的自反馈过程，过程中，专利是手段，创新能力提升才是目的。

8.5　企业专利预警发展思考

8.5.1　企业专利预警的主要问题

　　企业是技术创新和市场活动的主体。企业强则基础厚，企业强则产业兴，企业强则国家盛。当今世界，一方面国际竞争、产业竞争、企业竞争在很大程度上依赖于技术竞争，谁掌握了高新技术，谁就拥有竞争中的主动权；另一方面，技术竞争的实现在很大程度上体现为专利布局的竞争，专利已经成为一个国家海陆空之外的"第四国土"，谁拥有高新技术的完善专利布局，谁就在技术竞争中掌握了不战而屈人之兵的武器。在世界各国专利布局日益相互渗透的今天，企业在市场竞争中不仅面临来自国外的专利风险，也面临来自国内的专利风险，因此，娴熟地运用专利制度提供的保护和进攻的双刃剑，对于企业在国内国际两个市场竞争中的成败至关重要。通过本章的论述可以看到，企业专利预警应当贯穿到企业技术创新和生产经营的全过程中，但是，我国企业总体运用专利制度的能力还有待提升，专利预警在企业风险管控和技术创新等活动中的作用还远未发挥出来。

　　（1）专利预警的意识有待培育和提升。相比大量尚未开展专利预警工作的企业而言，目前已有专利风险防范意识并运用专利预警作为风险管控工具的中国企业可谓少之又少，这一方面原因在于专利保护的力度还不够，侵权成本低，维权成本高，使得专利预警活动在企业生产经营活动中的价值不高，但随着中国知识产权保护环境的持续优化，这一问题将逐步得到解决；另一方面的原因在于企业并未认识到专利预警的价值，或者仅仅认为专利预警就是简单的侵权风险分析，而没有认识到专利预警除风险防范之外的危机管控以及信息情报获取作用，因而没有给予足够重视。因此，我国企业特别是中小企业、中西部地区企业专利预警意识需要大力培育和提升，这是我国专利预警工作大发展的前提。

　　（2）专利预警的能力有待培养和提高。目前，已经开展专利预警工作的企业主要通过自己开展专利预警或者委托服务机构开展的方式获取预警信息，但是，由于资源条件的限制，企业专利预警的能力十分有限，一般仅限于简单的专利数据检索分析，很难深入地评估风险、提出对策，更难以有效利用专利信息为企业提供创新发展决策支持，即便委托服务机构，也由于大多数服务机构的能力有限，而不能达到专利预警的预期效果。这种能力的欠缺也使得预警的成果质量受限，企业难以从专利预警中获得利益，最终导致率先开展专利预警工作的企业也可能逐渐失去对该项工作的兴趣。因此，全面提升企业及服务机构专利预警的能力，这是我国专利预警工作大发展的关键。

（3）专利预警的运用有待扩展和深化。如前所述，我国企业大多数都是在经历了专利诉讼等危机事件，吃过苦，交过"学费"之后，才认识到专利工作的重要性。因此，这些企业专利预警工作往往始于专利危机应对，随后或有扩展，但一般限于成果保护专利预警，很少在市场运用、研发创新乃至综合管理中运用专利预警提供信息支持，这实际上就是仅利用了专利预警的危机管控功能，而没有完全利用其风险防范和信息获取作用。实践中，很多企业在了解专利预警的情报信息提供作用之后，才恍然大悟——"原来专利预警还可以这样'玩'！"因此，已经开展专利预警工作的企业应当将专利预警贯穿到企业技术创新和经营活动全流程，并深入挖掘其在每一个环节中的作用，发挥出应有的价值，这将是企业专利预警得以持续发展的保障。

（4）专利预警的机制有待建立和完善。我国企业的专利工作受企业决策者人为因素的影响十分显著，所以有人戏称专利工作也是"一把手工程"，一把手重视，企业专利工作就能发展，否则就被边缘化。实践中就有企业专利预警工作在得到决策者重视之后持续快速发展，但由于决策者的更换而又步入下坡路的情况。这种情况说明，企业专利预警工作必须纳入企业经营发展的常态运行机制之中，不使其因人为因素的影响而发生逆转性的变化，这就要求企业专利预警必须建立相应的制度、流程，配备相应的机构、人员，保障必需的财力、物力，这是企业专利预警工作得以健康运行的基础。

8.5.2　企业专利预警的发展建议

企业专利预警是专利预警工作体系的基石，在专利预警体系中居于最敏感、最直接的神经末端，效果最直接，作用最明显，其实施直接影响个体企业的技术创新发展，也会自下而上传导到行业，继而对专利预警在国家创新发展中的作用发挥产生影响。因此，企业专利预警并不仅仅是企业自己的事情，其持续良性发展，必须要有政府、行业和企业各自作用的发挥，才能形成推动企业专利预警发展的合力。针对企业专利预警工作中出现的上述问题，提出几点建议。

（1）加大力度宣传专利预警理念。政府主管部门要加大宣传力度，制定相关政策，有计划、有步骤地指导、激励行业和企业开展专利预警不同层次的工作，例如，通过专利预警专项资金资助相关行业、企业开展专利预警工作；行业组织要积极发挥桥梁纽带作用，宣传引导本行业或联盟组织中的企业参与专利预警工作，使其逐渐感受到专利预警工作的作用与价值，同时，通过典型案例示范的方式促进专利预警工作在行业内企业中的快速普及和发展。

（2）全面提升专利预警服务能力。政府主管部门要通过业务标准发布等方式规范专利预警的工作质量，通过服务机构监管等方式规范专利预警的服务市场，以此倒逼专利预警服务机构提高服务能力，确保面向企业的各类专利预警工作的质量；同时，也可以以公共资源优化配置的方式增强专利预警服务资源的投射能力，确保专利预警能力欠发达地区能够开展一般性的专利预警服务；另外，专利预警服务提供机构和人员也要通过主动学习、借鉴、交流等方式提高专利预警服务能力，以优质高效的服务赢得用户，赢得市场，最终促进专利预警工作的健康有序发展。

（3）不断扩大专利预警应用范围。专利预警在企业的应用，并不限于专利危机应急应对，而应该扩展到企业技术创新和市场经营活动的全过程中去，即要充分发挥专利预警的情报信息提供作用，以大数据分析方法，深挖专利数据与企业自身、竞争对手等的技术研发和生产经营数据的关联性，为企业经营决策提供全面信息支撑，在提供专利方面的安全保障的同时，提供专利竞争情报信息增值服务。当然，这一作用的发挥，既需要企业认识到这种信息的价值，也需要服务机构能够挖掘出这种信息。

（4）积极完善专利预警工作机制。企业要结合自身实际，开展符合企业发展阶段的专利预警工作，并在实践中不断创新和完善工作模式，形成具有企业自身特点的专利预警工作机制，逐步把专利预警工作纳入企业正常管理体系之中，形成制度化的、稳定的企业专利预警长效机制。

第九章　专利预警发展展望

建立和健全专利预警机制是在以实施专利制度激励社会创新的同时，维护产业安全的必然选择。十多年来，我国第一批专利预警先行机构和先行者在专利预警的理论研究、机制探索、理念宣传、人才培养和服务实践方面做了大量卓有成效的工作，扩大了专利预警工作的社会影响力，赢得了广泛的社会认同，使得专利预警服务已经成为知识产权服务业中不可或缺的重要组成部分，为推动我国知识产权事业的繁荣与发展做出了积极贡献。

和十年前相比，今天我们所面临的是更加激烈的国际竞争环境，我国产业和企业都已经不得不站在知识产权这个全新的战场上。为了保卫以知识产权为主要形式的第四国土，打赢没有硝烟的知识产权战争，实现技术发展、产业崛起，我们必须要用统筹兼顾的科学方法，标本兼治，双轮驱动，既要加强风险防御，又要增强创新实力。这对于专利预警及其从业人员而言，既是重要的发展机遇，又是重大的发展挑战，客观上需要不断拓展专利预警服务理念，提升专利预警的服务品质，探索专利预警在助力创新发展中的新思路、新方法和新模式。

9.1　专利预警基本理念延展

对我国公众而言，专利制度是一种舶来制度，其无论是理论还是实务都十分复杂而自成体系，这导致在一定程度上，专利和专利工作者都在一个相对封闭的小系统中进行自我循环，很多方面没有走出自说自话的圈子。而今，在创新驱动发展的进程中，专利制度可以并理应全面融入经济发展大潮以发挥更大的作用。而要融入经济社会发展肌体之中，就必须以更加主动的姿态，在技术创新、产业发展中发挥作用。作为专利服务社会的重要方式，专利预警更应化被动为主动，以更加积极的姿态，褪去专业性封闭外套，无缝融入产业经济发展潮流。

本书基于专利风险存在的普遍性这一基本理念，以不同章节有侧重地对专利预警在风险防范、辅助规划、整合资源和助力创新四个方面的作用进行了论述，全书论述基调是专利风险的识别与防范，即使是在论述专利预警的辅助规划和资源整合作用时，也仍是以防范风险为主要指向，也就是在通篇之中以被动风险应对来阐释专利预警的基本理念。从宏观管理角度而言，无论是政府、行业还是企业，都不应完全从被动应对风险角度运用专利预警，而应当将其提供的创新发展情报作为掌握发展主动权的战略利器。

基于此，我们有必要对专利预警的基本理念进行更为前瞻的延展，跳出被动风险防范的专利预警传统理念围城，创新思路，与时俱进，将专利预警的基本理念定位为专利风险的预警机和创新发展的导航仪，既通过预警识别风险，及时防范风险，有效化解危机，又通过预警导航发展，引导创新方向，提升创新效率，使得专利预警成为专利风险防范和创新要素配置的双向驱动力量，形成一个良性发展的具有自反馈功能的循环系统。

如图 9-1 所示，防范风险是产业发展的环境基础，自主创新是产业发展的核心动力。防范风险离不开预警，防范风险的专利预警在战术层面，主要发挥的是专利预警的风险识别和危机管理作用，是知己知彼、赢得先机、取得主动的战术武器；引导创新借力预警，引导创新的专利预警在战略层面，主要发挥的是专利预警的情报获取和规划导航作用，是明确方向、整合资源、创新发展的战略武器。

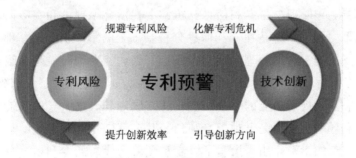

图 9-1　专利预警的概念模型

9.2　专利导航助力产业崛起

本书第一章以产业崛起和技术创新作为全书切入，引出专利风险及专利预警，本节作为结语希望再次呼应而论及产业崛起和技术创新，但希望进一步升华的主题是新的专利预警理念：作为一种高端知识产权服务方式，专利预警应当在产业结构优化升级的艰难过程中，一边继续发挥规避专利风险、化解专利危机的作用，一边更加注重从产业技术发展实际角度切入，分析并提供更具有前瞻意义的产业发展支撑信息，主动引导创新方向，提升创新效率，更加显性地发挥专利预警情报信息在开启技术创新之门、优化产业升级之路进程中的金钥匙功能。

上述理念的落地实施，对专利预警机制、理论和实务都提出了更高的创新要求，客观上要求全面打通专利预警服务无缝融入产业发展的通道，解决专利服务产业发展，特别是发挥其在产业技术创新发展中宏观指引功能的"最后一公里"问题。作为一名专利预警工作者，笔者深信，这一通道的连通，对于整个专利服务业而言意义十分重大，是值得我们花大力气长时间探索的问题，但其过程也将十分艰难。

近年来，国家知识产权局也一直从国家层面不断深入探索面向产业应用的专利信息服务的有效途径。2013 年 4 月，国家知识产权局发布了"专利导航"相关政策文件，明确指出要以专利信息资源利用和专利分析为基础，把专利运用嵌入产业技术创新、产品创新、组织创新和商业模式创新，引导和支撑产业科学发展。

专利导航是以专利服务经济发展为出发点，通过综合运用专利预警的风险识别、危机管理和情报整合作用，探索专利分析与产业运行决策相关联，专利运用与产业转型升级相融合的一种新思路、新方法和新模式。从这个角度来说，专利导航理念是专利信息分析、专利预警等理论和实务研究的最新成果。如果说专利预警是在专利信息分析基础上的第一次升级，那么，专利导航毫无疑问是专利预警理念的再次升级。因此，专利导航是升级版的专利预警，它如同在仅仅具有风险预警功能的单一雷达之上增加了具有坐标定位、方向判断和路径规划功能的多个雷达，使其成为具有强大导航功能的多雷达系统。专利导航理念的提出对于专利预警乃至整个专利服务业的理念提升都具有高屋建瓴的指引作用，指明了以专利预警为代表的专利信息分析服务的发展方向。

专利导航实际践行思路是通过专利导航情报指引，实现创新资源的优化配置，增强创新能力，强化专利布局，增加专利储备，并以专利运用运营提升专利控制力，增强产业发展控制力，实现创新驱动发展自主、可控的新模式。根据专利导航的理念设计和实施方案，其包括宏观专利导航和微观专利导航两个层面，宏观导航主要面向政府和行业，微观导航则主要面向企业等创新主体。图 9-2 示出了专利导航的概念模型，根据该模型，宏观和微观导航都应放眼全球，以专利数据结合产业、经济、市场等多维度数据（专利数据+）的大数据分析为出发点，解析产业技术发展方向，明确产业（企业）技术发展定位，寻求创新发展路径，形成能够指引创新资源优化配置，创新竞争力全面提升的发展规划（宏观）和行动指南（微观）。

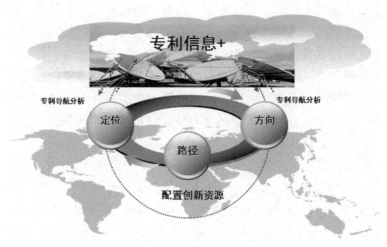

图 9-2　专利导航的概念模型

以面向区域产业发展的宏观专利导航为例，其在具体的项目实施上分为两个阶段，第一阶段是专利导航分析，第二阶段是以专利导航分析数据支撑形成产业发展规划。专利信息分析阶段的核心思想在于以"方向"、"定位"和"路径"三个基本模块构建专利导航的信息模型。

"方向"模块以全景视角，分析全球范围内的专利及相关数据信息，前瞻性地揭示产业技术发展的热点和重点方向，为产业发展找目标，方向导航具有产业普适性，并不着眼于特定的产业区域。

"定位"模块以近景模式，聚焦特定区域、特定产业、特定主体，以专利数据为基本切入点，结合产业数据，通过对比分析，寻找区域产业在产业链中所处的位置。包括两个步骤，一是分析现状，二是明确定位；现状是客观情况的剖析，定位是以客观情况为基础寻找发展位置的过程。

"方向"模块以全球化的视野提出了可供产业技术发展选择的未来方向，解决了可以去哪里的问题；"定位"模块提出了约束性条件，它进一步解决了在现有条件下能够往哪些方向去的问题，两者是一个有机的整体，结合起来成为区域产业发展"路径"导航的依据。

"路径"模块主要围绕产业结构优化调整目标，提出企业、技术、人才及专利这些创新要素资源的有效布局和集聚路径，以此来支撑产业创新发展目标的实现。具体包括：产业布局结构优化路径、企业整合引进路径、技术创新引进路径、人才培育引进路径、专利布局运营路径等。

专利导航分析提供的关于发展方向、发展定位和发展路径的信息，使得区域产业创新发展方向有依据、定位有坐标、路径有支撑，其进一步的有效整合，可以形成指导区域产业创新发展的宏观规划，从而全面引导区域创新资源配置，提升创新效率，增强区域产业竞争力。

随着专利导航试点项目实际作用的日渐发挥，其基本理念已被越来越多社会公众所接受。目前，专利导航的理论创新和实践探索都处于众人拾柴的发展"快车道"上。作为升级版的专利信息分析、专利预警形式，未来必将发挥出更大的产业创新发展指引作用。

王国维先生曾提出人生有三种境界。境界一（悬思）：昨夜西风凋碧树，独上高楼，望断天涯路；境界二（苦索）：衣带渐宽终不悔，为伊消得人憔悴；境界三（顿悟）：众里寻他千百度，蓦然回首，那人却在灯火阑珊处。在以实现中国产业崛起为目标的伟大进程中，早已有前辈对发展的"悬思"，也已有先行者对发展的"苦索"，"众里寻他千百度"，而专利、专利预警、专利导航之于创新驱动发展，已在"灯火阑珊处"。

在专利预警事业发展这片希望的田野上，我们应当时刻秉持其核心理念：明察风险，见微知著❶；应对危机，见异思迁❷；助力创新，见贤思齐❸！专利预警三"见"客，化险之"剑"，创新之高"见"，发展之远"见"！以预警促进创新，在创新中全天候预警，标本兼治，化危为"机"，全面助力产业创新！

愿专利预警、专利导航在助力中国创新驱动发展伟大历史进程中发挥更加突出的作用！

2013 年 12 月 15 日 19 点 25 分第一稿

2014 年 12 月 27 日 18 点 8 分第二稿

2015 年 1 月 17 日 22 点 10 分第三稿

---

❶ 指看见微小的风险征兆就可以判断风险演变的趋势。

❷ 指遭遇异常事件（危机）就及时地应对或迁移规避。

❸ 指发现创新的优胜者就及时地学习借鉴并向它看齐。

参考文献

［1］刘芳．论企业危机预警产生的原因及管理意义［J］．中国商贸，2010（28）：101-102．

［2］徐徐，吴治平．区域科技进步水平预警系统研究——以温州为例［J］．中国科技论坛，2011（10）：96-101．

［3］余翔，武兰芬，姜军．国家经济安全与知识产权危机预警和管理机制的构建［J］．科学学与科学技术管理，2004（3）：65-70．

［4］李泽红，张娅如，敬卿．论国防知识产权危机预警和管理机制的构建［J］．科技成果管理与研究，2008（7）：1-4．

［5］胡露露．出口企业专利法律风险管理系统研究——基于危机管理理论的视角［D］．无锡：江南大学，2008．

［6］袁小轶．高技术产业专利预警系统的构建研究［D］．武汉：武汉理工大学，2010．

［7］谢小勇．构建企业专利预警应急机制［J］．中国发明与专利，2007（5）：79-80．

［8］郑小军．国际工业展览与知识产权纠纷［J］．中国发明与专利，2006（5）：59-63．

［9］刘东霞．河南省知识产权预警问题浅析［J］．现代商业，2011（35）．

［10］王静，宋志国．基于BSC的企业专利预警警度评价指标研究［J］．商业研究，2007（9）：32-33．

［11］刘桂锋，李伟，刘红光．基于专利地图的企业专利预警模式实证研究［J］．情报杂志，2012（5）：12-17．

［12］李伟．基于专利地图的我国企业专利预警机制研究［D］．苏州：江苏大学，2011．

［13］杜晓君．建立知识产权预警机制［J］．商业研究，2005（4）：40-46．

［14］陈荣，唐永林，严素梅．建立专利预警机制减少知识产权纠纷［J］．科技情报开发与经济，2006（6）．

［15］池建军．从专利角度浅谈风力发电发展趋势以及专利预警［J］．装备制

造技术，2012（10）：86-88.

［16］戚淳．论北京市政府建立本地区专利预警体制的必要性［J］．科学学与
科学技术管理，2008（3）：216-219.

［17］戚淳．论建立专利预警机制的必要性和预警模型的构建［J］．科学学与
科学技术管理，2008（1）：16-20.

［18］王春业．论政府在专利预警机制构建中的作用［J］．淮北煤炭师范学院
学报：哲学社会科学版，2010（12）：18-22.

［19］赖院根，丹英．面向产业安全的专利预警理论研究［J］．科技进步与对
策，2010（13）：57-60.

［20］岳贤平，顾海英．企业专利预警机制研究：一个分析框架［J］．科技管
理研究，2005（12）：175-178.

［21］孙捷．企业专利预警评价体系分析方法的探讨［J］．科技与法律，2011
（5）：41-45.

［22］刘桂锋，李伟，刘红光．基于专利地图的企业专利预警模式实证研究
［J］．情报杂志，2012（5）：12-22.

［23］李军民，唐浩，吴家全．启动企业海外知识产权预警和应急救助项目帮
助企业规避国际市场风险［C］//中国农药工业协会．第十一届全国农
药交流会论文集．上海，2011：298-300.

［24］孟宏伟，徐芙，方浩．浅谈制药企业的专利预警［J］．齐鲁药事，2010
（4）：238-239.

［25］信息产业部电子知识产权咨询服务中心．信息产业专利预警体系构建研
究［J］．电子知识产权，2009（3）：56-60.

［26］施敏，李家深．行业专利预警系统构建研究［J］．科技成果管理与研究，
2009（10）：29-31.

［27］陈志勋．专利预警基础理论研究［J］．企业导报，2009（11）：252.

［28］赖院根，朱东华．专利预警警情的理论研究［J］．科学学与科学技术管
理，2009（2）：5-9.

［29］陈志勋．专利预警评价体系构建及其实证研究［D］．太原：山西财经大
学，2010.

［30］包逸萍，李建花，王虎羽．专利预警体系建设的主体分析及对策［J］．
今日科技，2008（5）：36-37.

［31］宋河发．自主创新能力建设与知识产权发展［M］．北京：知识产权出版

社，2013.

[32] 魏保志．热点技术专利预警分析［M］．北京：知识产权出版社，2014.

[33] 崔胜男，田玲．我国专利预警理论研究概述［J］．科技情报开发与经济，2013（14）：148-157.

[34] 樊泳雪．竞争情报实践与方法研究［M］．成都：四川出版集团巴蜀书社，2010.

[35] 王德胜．企业危机预警管理模式研究［M］．济南：山东人民出版社，2010.

[36] 赵蓉英．竞争情报学［M］．北京：科学出版社，2012.

[37] 董晓远．反倾销与产业损害预警评估模型［M］．北京：社会科学文献出版社，2008.

[38] 王培志．经济全球化背景下中国产业安全预警机制研究［M］．北京：中国财政经济出版社，2008.

[39] （美）罗伯特·克拉克．情报分析［M］．北京：金城出版社，2013.

[40] 王毅．中国产业安全报告［M］．北京：红旗出版社，2009.

[41] 张翠英．竞争情报分析［M］．北京：科学出版社，2007.

[42] 骆云中，陈蔚杰，徐晓琳．专利情报分析与利用［M］．上海：华东理工大学出版社，2007.

后　记

2015 年 1 月 17 日晚 10 时许，本书第三稿完成，计十五万余字。

兴奋和轻松的心情随着笔记本电脑的关闭而在刹那间舒展到全身，我相信，我的这种心情和导演在面对影片制作的杀青，建筑师在面对高楼建筑的封顶时那种感受不会有区别。那是一种呕心沥血之后面对成果的兴奋，那是一种卸下重负之后回望征程的轻松。

这一夜，我失眠了……

2009 年以来，我一直在北京国之专利预警咨询中心从事专利预警研究和专利社会服务工作。在这个国家级的专利预警团队中，我有机会先后承担过一大批国家、区域、行业和企业的重大专利预警项目的研究和管理工作，这些项目很多都是前瞻性的探索性项目，没有成熟经验可循，更没有理论指引，因此项目研究中充满了曲折和艰辛！

一次又一次的摸爬滚打让我逐渐认识到，专利预警不仅仅是一种知识产权应用服务，更是一门与风险预警、危机管理和竞争情报密切相关的交叉理论科学，它有规律可循，有方法可鉴，而这些规律与方法的总结，显然十分有益于专利预警的工作实践。为此，我曾对国内外的专利预警相关研究成果进行过全面的梳理，希望能够找到指导工作的系统方法，然而，目前虽然已有较多的专利预警研究文献资料，但却未有体系化的可以全面指导专利预警实践的专著出现。

如何对专利预警工作实践中取得的理论研究与实务经验进行全面系统的提炼，并将其梳理、抽象为科学的专利预警方法论，反过来指导专利预警实务，毫无疑问是一个迫切而又艰难的命题。

在我国专利预警事业经历十多年的发展积淀，而今迎来新的发展战略机遇之时，行业发展对理论总结与创新的呼唤日益迫切，个人虽然仅仅只是一名普通的专利预警工作者，却也常常抱有强烈的责任感和使命感，希望能够在这项工作中做一些力所能及的贡献。因此，在几年来的实践中及时地总结了个人点点滴滴的心得与经验，希望能有机会将其整理出来与同行进行抛砖引玉式的分享，由此在 2012 年前后产生了撰写本书的想法。

　　经过长期的实践积累和探索思考，2013 年，适逢北京国之专利预警咨询中心成立十周年华诞之际，作为十分热爱专利预警事业和国之预警中心的一名员工，我终于在对能否完成本书的长时间犹疑不决中下定决心开始动笔。本书从 2013 年 5 月开始策划，2013 年 8 月 21 日列出最初框架，2013 年 12 月 15 日完成第一稿，2014 年 12 月 27 日完成第二稿，2015 年 1 月 17 日完成第三稿，前后历时近两年。打开文件夹，中间版本竟有 95 个之多，这说明我至少曾经百余次地提笔撰稿，而几乎每一稿的存储时间，不是在深夜，就是在假日。其间，或是因为工作的忙碌而在疲惫中怠于提笔，或是因为思路的梗阻而在艰难中无法提笔，从第一稿到第二稿之间竟然经历年余！

　　本书能够完成全稿并付梓出版，得益于各级领导长期以来给予我各种锻炼的机会与成长的平台，与各级领导对我如同师长一般的爱护和指导更难分开！借此，我向多年来所有关心、爱护、包容和指导我的专利审查协作北京中心及北京国之专利预警咨询中心的所有领导表示衷心的感谢！也向周围同事对我一直以来的帮助和支持表示深深的感谢！

　　国家知识产权局副局长、专利预警工作领导小组组长贺化在百忙中先后两次审阅本书全稿，从框架逻辑、核心概念、主要观点、实体内容和文字表述等不同层面对书稿提出了全面、系统、细致的修改指导意见。贺局长的悉心指导极大地鼓舞了我尽力克服困难进行书稿修改，使得书稿质量得以全面提升。然而，由于个人水平有限，很多指导意见未能被我落实在本书中，我在向贺局长表示最最衷心感谢的同时也感到十分惭愧，同时也向读者致歉！

　　国家知识产权局专利局专利审查协作北京中心主任白光清、副主任夏国红，专利服务部主任王娇丽等领导先后在百忙中审阅书稿并给予指导，在此我向各位领导表示衷心感谢！

　　北京国之专利预警咨询中心总经理于立彪博士全面审阅书稿并提出了许多针对性的指导意见；在平常的工作中也一直给予我指导、支持和帮助，在此向于总表示衷心感谢！

　　本书中一些案例素材来源于国家知识产权局相关部门和北京国之专利预警咨询中心近年来一些已经公开的资料，在此一并向原课题组表示衷心的感谢！

　　为了避免干扰正常工作，本书全稿都是在业余时间完成，回望书稿的近百个版本，也许每一个后面都有一个让我感动或感慨的场景……

　　春天周末的早上，四岁的女儿纠缠着我一起去公园，我却只能愧疚地说爸爸要写文章，等她回来再用几分钟去听她言说一路的快乐，我和她一起分享快乐时，她总是侧着脑袋问"爸爸啥时候能写完文章?"；夏天返乡休假之中，我还因为书中一处逻辑结构无法打通而耿耿于心，反复推敲忘乎所以之中，竟然忘记了一次重要的朋友聚会；秋天的国庆假日，我因摔断腰椎横突卧床不起，妻子高三毕业班假期补课，懂事的女儿陪我在床边为我端水递物，我半躺着奋笔疾书，这本书的前四章基础理论，就是在那几天完成的；寒冷的冬日夜晚，女儿已经安睡，我却仍希望多写几笔，父母和妻子都坚持陪着我，他们已经在打盹，却不愿先睡，亲人的理解，让我郑重地写下书中每一字句。春夏秋冬，寒来暑往，我在坚持，亲人在为我的坚持守望!

借此，我想对一直默默支持我的家人表示我从来不曾说出的深深歉意和感谢!

九章十五万余字，既非宏篇，更非巨著，然而于我，却已是殚思竭虑，倾尽平生，其中，无论是结构的梳理、观点的提炼、素材的整理、内容的撰写都经历了十分彷徨和艰难的过程，个中艰辛，不一而足。然而，限于个人水平和锤炼时间的欠缺，书中错误或不当之处在所难免，恳请读者不吝赐教!

2007年夏，我毕业从西安来到北京整一年时，曾于雷电之夜写下一则自勉打油诗，虽是时过境迁，但每每读起，仍激起我意气风发的少年壮志，抄在后记中，仍希望激励自我在而立之年的平凡碌碌中不忘前行，也希望与读者共勉。

雷电夜偶作
——来京一周年有感

昨宵风雨梦长安，函谷已远太乙淡。
去年踌躇辞霸桥，今朝孤独望西山。
正当闻鸡起舞时，依旧纵马射雕天。
此去大漠万余里，一路长歌勒燕然。

2007年7月18晚于北京中关村

谨以此书献给在我成长、进步历程中给予我爱护、关心、指导、宽容和帮助的所有领导、亲友和同事!

作　者